婴幼儿辅食
喂养指导手册

姚 魁 李 玲◎主编

中国轻工业出版社

序一

儿童是祖国的未来、民族的希望，儿童健康是社会可持续发展的重要基础。婴幼儿喂养与儿童健康密切相关，这一时期是生命早期的重要阶段，科学的辅食喂养有利于促进儿童健康，为其一生发展奠定良好的基础。

满6个月后及时合理添加辅食可以持续保障婴幼儿能量供给和营养素补充。指导儿童家长和社会公众树立科学育儿理念，普及婴幼儿喂养健康知识和技能，提升公众科学素养，促进儿童健康成长，是妇幼健康工作者持续努力、久久为功的重要使命。

中国疾病预防控制中心妇幼保健中心是国家级妇幼保健专业机构，是全国性妇幼保健业务技术指导中心。多年来，妇幼保健中心一直致力于为国家制定妇幼健康法律法规、政策、规划、项目等提供技术支撑和咨询建议，组织制定妇幼健康技术方案、指南和标准，并在妇幼人群健康教育和促进工作方面取得丰硕成果。

很高兴有机会参与《婴幼儿辅食喂养指导手册》（下简称《指导手册》）的策划和编写工作。这本《指导手册》聚焦婴幼儿辅食喂养常见问题，阐释《中国居民膳食指南（2022）》中"婴幼儿喂养指南"的核心信息，为家庭科学喂养提供了专业指导和技术支持，体现了专家团队关心关爱婴幼儿健康的社会责任与专业担当。

希望这本《指导手册》能够有效提升我国家庭科学喂养婴幼儿的意识和行动力，帮助家庭做好儿童从母乳喂养到家庭膳食的良好过渡，实现知行的契合，为健康中国建设贡献一份力量。

李志新

　　儿童的营养与健康状况是社会和家庭关注的焦点，也是体现一个国家综合国力和社会文明程度的重要指标。婴幼儿的科学、合理喂养是促进儿童营养健康水平的重要着力点。《中国居民膳食指南（2022）》中"婴幼儿喂养指南"（下简称"喂养指南"）和世界卫生组织（WHO）均建议6月龄内的婴儿应给予纯母乳喂养，此时母乳喂养能够完全满足婴儿的能量、营养素和水的需要。

　　一般情况下，当婴儿满6个月时，母乳为婴儿提供的能量和营养素不能再随宝宝生长同步增加，而且宝宝也到了需要学习吃饭的时候。所以，"喂养指南"建议，宝宝从6月龄开始，在继续母乳喂养的同时，就应该开始（且必须开始）添加母乳以外的其他食物，我们常常称这些食物为辅食，这就是所谓的辅食添加。及时、合理地添加辅食，对于宝宝成长具有举足轻重的意义。

　　给宝宝及时添加辅食的目的，可以归纳为如下四个方面：一是补充能量和营养素的缺口，这个前面谈到了。二是让宝宝学习吃饭。满6个月时也是宝宝吞咽、咀嚼、舌头运动以及上肢精细活动能力发育的关键时期，这个时候就该开始学习吃饭了。三是感受食物。这个时候宝宝需要通过其灵敏的嗅觉、味觉，开始去感受各种食物的滋味、气味、口感等，要知道这些食物就是他们未来赖以生存的膳食基础，这对宝宝形成对食物的爱好、未来养成良好膳食习惯都是极为关键的。四是帮助宝宝对易引起过敏的食物及时形成耐受。研究显示，对于容易引起过敏的食物，并不是躲得远远的就不会过敏，反而要在适当的时候及时接触，形成耐受，就如同让宝宝经历冬天的锻炼才可以更抗冻一样。

　　当然，强调满6月龄后开始添加辅食，是为了让宝宝充分获得出生后6个月纯母乳喂养的好处，这是对绝大部分各方面都正常的儿童提出的。但是对于一些有特殊需求的儿童，医生可能会提出提前添加辅食的建议，比如婴儿出现生长发育迟缓，判断其原因是仅依靠母乳喂养，预计不能改善生长发育迟缓；或者由于妈妈孕期营养不良，婴儿在满6月龄前出现了严重的铁营养缺乏或明显的贫血，需要通过辅食来补充铁营养。实际上，婴儿在满4月龄后就基本具备了接受辅食的条件，比如可以坐稳，看到大人吃饭，宝宝会表现出想吃的欲望，胃肠道也具有消化淀粉的酶活力。这就是医务人员交流时常说的，4~6月龄时可以添加辅食。但是，在满6月龄前的任何时点添加辅食，都会损失纯母乳喂养带来的好处，这是迫于某些医学状况而不得已做出的类似药物治疗的个体化举措，需要医务人员视情况而定。研究显示，提前添加辅食，婴儿的母乳摄入量会明显减少，肥胖的风险会明显增加。

不管是满6月龄后开始添加辅食，还是由于特殊原因适当提前添加辅食，都需要遵循一定的方法。辅食添加要遵循逐步引入的原则，由少到多，由稀到稠，由细到粗，循序渐进。从泥糊状食物开始，逐渐过渡到颗粒状、半固体、固体食物；每次只引入一种新的食物，每一种新食物适应2~3天，然后逐渐尝试其他新食物，从一种到多种，逐步达到食物多样化。从辅食添加的步骤来看，所谓"第一口辅食"并不是一个需要十分介意的事情。不管第一口食物是具体哪一个品种，它们都应该是富含铁的泥糊状食物。"喂养指南"提出，首先添加肉泥、肝泥、强化铁的婴儿谷粉或米粉，举例的三种食物品种的顺序，与以往版本的婴幼儿喂养指南相比发生了一些变化。以往我们担心给宝宝吃肉会增加过敏的风险，但新的研究证据提示，我们不需要刻意延迟肉类食物的引入。"喂养指南"建议，每2~3天尝试增加一种新食物。按照这样的节奏，肉泥、肝泥、强化铁的婴儿谷粉或米粉，都属于宝宝第一口辅食的范围。

至2岁时，宝宝基本可以坐上餐桌，开始食用基本接近于成年人膳食结构、由多种食物构成的幼儿平衡膳食。辅食添加的总目标，就是顺利完成这个膳食过渡。

本书就是关于如何科学、合理喂养婴幼儿的一本很有用的读物，是为那些关心宝宝喂养的家长们所准备的。本书中既有来自权威营养和儿童保健专家的儿童喂养相关理论，也有针对儿童膳食的食物营养知识，最接地气的是手把手式地指导宝宝膳食制作的烹饪喂养实践篇内容。相信这本书能帮助家长们，给宝宝的快乐童年浇灌营养健康的雨露。

汪之顼

目录
CONTENTS

② 烹饪喂养实践篇

**13～18
个月**

**19～24
个月**

1 辅食营养基础知识篇

？什么是辅食

辅食是婴幼儿在满6月龄后，继续母乳喂养的同时，为了满足营养需要而添加的其他各种性状的食物，包括家庭配制的和工厂生产的。辅食必须是富含营养的食物，而且数量充足，才能保障和促进婴幼儿的健康和生长发育。母乳喂养仍然是营养素和某些保护因子的重要来源，在添加辅食期间仍要做好母乳喂养。

？什么时候给宝宝添加辅食

《中国居民膳食指南（2022）》针对我国7~24月龄婴幼儿营养和喂养的需求及可能出现的问题，参考世界卫生组织（WHO）、联合国儿童基金会（UNICEF）等相关建议，提出7~24月龄宝宝在继续母乳喂养的同时，满6月龄起可添加辅食。

对大多数宝宝来说，满6月龄（出生180天）是开始添加辅食的适宜时机。这个月龄的宝宝无论在生理还是心理上，都具有添加辅食的条件。宝宝通常有如下表现：

1. 对别人吃东西感兴趣，看见别人吃东西表现出吃的欲望；
2. 能够自己拿食物，喜欢将一些东西放到嘴里（包括玩具）；
3. 能更好地控制舌头，使食物在口中移动；
4. 具备了一定的咀嚼能力，可以通过上下颌的张合运动进行咀嚼；
5. 神经肌肉发育较好，可以竖头，可控制头在需要时转向食物（勺）或吃饱后把头转开。

当然，给宝宝添加辅食，6月龄并不是唯一参考标准，如果宝宝出现以下情况，也可以提前添加辅食，但不应早于4月龄：婴儿体重增加不理想，母乳已经不能满足婴儿的需求；如果宝宝咀嚼、吞咽、竖头等能力发育较好，而且看到辅食后很期待进食，也可以在宝宝4~6月龄期间尝试添加。

过早或过晚添加辅食对宝宝有影响吗

过早（满4月龄前）添加辅食，宝宝胃肠道的消化酶特别是淀粉酶活力较差，还不能很好地消化米粉等淀粉类食物，容易引起宝宝消化不良。因为辅食的摄入会导致母乳摄入量的减少，宝宝摄入母乳中的保护因子减少而易增加患病的风险。婴儿不能很好地消化吸收非人体蛋白，也易增加患过敏性疾病的风险。因为宝宝的能力发展还没有达到具有咀嚼吞咽辅食的能力，过早添加辅食可能给宝宝带来不适感受，影响日后的辅食添加。对妈妈来说，过早添加辅食，会因母乳喂养次数减少而提前恢复月经，增加妈妈在生殖器官尚未完全恢复时再次怀孕的可能。

过晚（满8月龄后）添加辅食会让宝宝错过味觉敏感期，导致日后的喂养困难。辅食添加太晚，宝宝不能摄入足够的热量、营养素，导致生长发育减慢，营养素缺乏，尤其是铁元素缺乏，使宝宝出现缺铁性贫血。也有研究表明，过晚添加辅食可导致食物过敏、增加患过敏性疾病的风险。

少数特殊婴儿可能由于早产、生长发育落后、急慢性疾病等各种特殊情况而需要提前或推迟添加辅食。这些婴儿必须在医生的指导下选择辅食添加时间，但一定不能早于满4月龄前，并在满6月龄后尽快添加。

添加辅食的时候为什么要继续母乳喂养

母乳仍然是6月龄后婴幼儿能量的重要来源。母乳可为7~12月龄婴儿提供总能量的1/2~2/3，可为13~24月龄幼儿提供总能量的1/3。母乳也为婴幼儿提供优质蛋白质、钙等重要营养素及各种保护因子等。满6月龄后，婴幼儿继续母乳喂养可显著减少腹泻、中耳炎、肺炎等感染性疾病患病风险；继续母乳喂养还可减少婴幼儿食物过敏、特应性皮炎等过敏性疾病；此外，母乳喂养可以降低成年慢性疾病，如肥胖、糖尿病等代谢性疾病的发生风险。与此同时，继续母乳喂养还可增进母子间的情感连接，促进婴幼儿神经、心理发育，母乳喂养时间越长，母婴双方的获益越多。因此满6月龄婴儿应继续母乳喂养，并可持续到2岁或以上。

辅食添加后母乳喂养次数及喂养量如何把握

为了保证能量及蛋白质、钙等重要营养素的供给，6月龄婴儿每天的母乳量应不低于800毫升，每天应保证母乳喂养不少于4次。

《中国居民膳食指南（2022）》指出，在7~24月龄间，母乳仍然是婴幼儿能量、蛋白质、钙等营养素的重要来源。

7~9月龄婴儿每天的母乳量应不低于600毫升，由母乳提供的能量应占全天总能量的2/3，每天应保证母乳喂养不少于4次。

10~12月龄婴儿每天的母乳量应保持在约600毫升，由母乳提供的能量应占全天总能量的1/2，每天应母乳喂养4次。

13~24月龄幼儿每天的母乳量应保持在约500毫升，由母乳提供的能量应占全天总能量的1/3，每天母乳喂养不超过4次。

对于确无条件继续母乳喂养的，可选择配方奶作为母乳的补充。

给宝宝吃的第一口辅食是什么

　　宝宝的第一口辅食应该从富含铁的泥糊状食物开始，可以选择如肉泥、蛋黄泥、强化铁的婴儿米粉等。满6月龄时，婴儿体内铁储备几乎耗竭，需要尽快补充外源铁。7~24月龄婴儿铁的推荐摄入量为每天9~10毫克，仅靠母乳无法满足铁需要，97%的铁需要从辅食中获取，必须通过辅食给予富铁食物或者铁强化配方食品。锌、维生素A等营养素也需要通过及时添加辅食来满足。缺铁性贫血会影响宝宝认知发育，通俗地说是影响孩子智商。研究显示，婴儿4~12月龄间红肉摄入量与宝宝22月龄时神经运动发育评分呈密切正相关，6月龄及时添加富铁辅食可预防铁缺乏，能让儿童获益。所以，宝宝的辅食应该从富含铁的泥糊状食物开始。

什么样的食物可以选择作为宝宝辅食

　　适合婴幼儿的辅食应该富含能量，以及蛋白质、铁、锌、钙、维生素A等营养素；1岁内不添加盐，1岁后少糖、少盐、少调味品；作为婴幼儿辅食的食物应该保证安全、优质、新鲜，不必追求高价、稀有。

　　概括来说，宝宝的辅食添加应该优先考虑高营养密度的食物。营养密度指食品中以单位热量为基础所含重要营养素（维生素、矿物质和蛋白质）的浓度。常见高营养密度的食物有瘦肉类、鸡蛋、海产品、豆类、乳及乳制品、全谷物、蔬菜、水果、不添加盐的坚果等。

哪些食物是含铁丰富的食物

　　辅食添加初期一定要重视添加富含铁的食物。含铁丰富的食物有瘦猪肉、牛肉、动物肝脏、动物血等，这些食物所含的铁属于优质铁。这些食物不仅铁含量高，而且所含的铁很容易被人体吸收利用，是人体铁的最佳来源。蛋黄的含铁量也较高，但其吸收率不如肉类。婴幼儿配方奶、强化铁的婴儿米粉等也额外强化了铁，但吸收率相对较低。绿叶蔬菜的铁含量在蔬菜中相对较高，但绿叶蔬菜中含有可以抑制铁吸收的草酸和植酸，铁吸收率较低，所以绿叶蔬菜不是良好的铁来源。

　　母乳中的铁含量很低（约0.45毫克/升），而且即使给哺乳母亲补充铁剂，也很难增加母乳中的铁含量。因此，需要特别重视给7~24月龄婴幼儿一定量富含优质铁的动物性食物。添加辅食首选富含铁的泥糊状食物，也是同样的考虑。举个例子，每天50克瘦肉+50克鸡蛋+50克米粉，约提供铁5.3毫克；每天50克瘦肉+50克鸡蛋+10克猪肝，约提供铁4.6毫克。其中动物性食物都是优质铁元素的重要保障。

宝宝的第一口辅食如何吃

泥糊状 建议用母乳或婴儿熟悉的婴儿配方奶将食物调至泥糊状，稠度是用小勺舀起且不会很快滴落。

太稀

正好

学习用勺 婴儿刚开始接受小勺喂养时需要适应，由于此时宝宝的进食技能不足，只会舔吮，甚至将食物推出、吐出，需要慢慢练习。可以用平头的小勺舀起少量泥糊状食物，放在婴儿一侧嘴角让其舔吮。

喂养时机 第一次加辅食，可在早上或中午添加一次，尝试几口就可以。可以先喂母乳至婴儿半饱时尝试，随后继续母乳喂养；也可以先尝试辅食再母乳喂养。第二天继续在同一时间添加，增加喂养量。随后几天逐渐增加喂养量至婴儿吃饱为止，成为单独一餐，不必再喂养母乳。随后可以在晚餐时再增加一次辅食喂养，至每天两餐辅食。新添加的辅食建议在中午前喂养，如发生不良反应可及时处理。

喂养地点 可以用宝宝专用餐椅，吃辅食的时候，让宝宝采取坐姿。每次就餐地点相对固定。最好在添加辅食之前，让宝宝熟悉坐在餐椅上的感觉。在此提醒家长们一定要看护好宝宝，系好安全带。

营造进食气氛 合理安排婴幼儿的作息时间，包括睡眠、进食和活动时间等，尽量将辅食喂养安排在与家人进食时间相近或相同时，以便以后能与家人共同进餐。与此同时，增加辅食种类。

如何给宝宝选择米粉

最开始添加的米粉要富含铁

含铁量是购买米粉的重要判断标准之一。目前市面上销售的成品宝宝米粉，虽然大多强化了铁，但含铁量也是参差不齐。根据国家对婴幼儿米粉中含铁量制定的《食品安全国家标准 婴幼儿谷类辅助食品》（GB 10769-2010）的规定：每提供100千焦热量的米粉需含0.25~0.50毫克铁。所以家长在给宝宝选购米粉时，要注意查看包装上的营养成分表，尽量选择含铁量高的，这样补铁效果更好。以下是市售两款米粉的营养成分表，可对比铁含量的高低。

项目	每100克含量	每100千焦含量	项目	每100克含量	每100千焦含量
能量（千焦）	1630	100	维生素B$_2$（微克）	500	30.7
蛋白质（克）	6.8	0.42	维生素B$_6$（微克）	400	24.5
脂肪（克）	0.3	0.02	维生素B$_{12}$（微克）	1	0.06
碳水化合物（克）	86.9	5.3	维生素C（微克）	30	1.8
低聚果糖（克）	3	0.18	烟酸（微克）	4000	245.4
钠（毫克）	0.3	0.02	磷（毫克）	250	15.3
维生素A（微克视黄醇当量）	285	17	钙（毫克）	400	24.5
维生素D（微克）	5	0.31	铁（毫克）	5	0.31
维生素E（微克）	3	0.18	锌（毫克）	4	0.25
维生素B$_1$（微克）	500	30.7			

项目	每100克含量	每100千焦含量	项目	每100克含量	每100千焦含量
能量（千焦）	1538	100	维生素E（毫克）	1.8	0.12
蛋白质（克）	7.5	0.49	维生素B$_1$（微克）	250	16.3
脂肪（克）	0.2	0.01	维生素C（微克）	28.9	1.88
碳水化合物（克）	82.5	5.4	钙（毫克）	240	15.6
钠（毫克）	0.5	0.03	铁（毫克）	6.0	0.39
维生素A（微克视黄醇当量）	274	17.8	锌（毫克）	3.44	0.22
维生素D（微克）	5.0	0.33			

阅读食物标签，识别出高盐、高糖的加工食品

要通过配料表了解食品的主要原料，一般含量越多的成分越排在前面。食品标签上需要标出每100克食物中的能量及各种营养素的含量，并标出其占全天营养素参考值的百分比（NRV%）。如钠的百分比比较高，特别是远高于能量百分比时，说明这种食物的钠含量较高，最好少吃或不吃。从配料表上则可以查到额外添加的糖，如蔗

糖（白砂糖）、麦芽糖、果葡糖浆、葡萄糖、蜂蜜等，选择时要慎重。不要忘记查看生产日期和保质期，选择日期较新的批次，而且要查看保存方法，按照建议储存的方式来存放食物。

如何准备米粉

选择自制还是购买成品

市售成品米粉是根据宝宝营养需求配方的（尤其是强化铁的米粉），在宝宝进食种类比较少的情况下，成品米粉营养相对来说更符合宝宝生长发育的需求。一般来说，要首选强化铁的米粉。

米粉分阶段，适合不同状态的宝宝

市售的米粉，很多都是分阶段的。不同阶段米粉的差别在于第一阶段是添加强化铁的大米米粉，第二阶段和第三阶段是添加可能引起孩子过敏的燕麦或混合谷物等，可以理解为从过敏的角度考虑提出的。但实际上，米粉是宝宝辅食添加初始阶段的食品，冲调后呈泥糊状，随着孩子长大，饮食多样化，可逐渐被稠粥、烂面条等食物替代。

米粉用什么冲调

米粉用温开水冲调即可，母乳、配方奶也可以用来冲调米粉，可根据宝宝的口味偏好及宝宝体格发育情况确定。

冲调米粉的温度

冲调米粉的水温最好在60℃左右，如果用奶冲调，温度可控制在50℃左右。

米粉冲调

米粉的冲调放多少水，可以按照说明书进行。一般是先倒水，再加米粉。倒水的过程中边加米粉边同向搅拌均匀，然后泡发，放置30秒左右。

米粉的性状如何把握

最开始添加辅食前两三天，为了让宝宝有个适应的过程，米粉可以稍微稀一点。随着宝宝进食增多，米粉稠度以"挂勺"为标准。

给宝宝喂辅食，用奶瓶还是用勺子

给宝宝喂辅食，工具首选勺子。因为添加辅食就是要帮助宝宝一步步脱离奶嘴练习吃饭的过程，也能充分发挥宝宝发育过程的特点，锻炼宝宝口腔咀嚼能力，如果用奶瓶喂养，会减少咀嚼、口腔运动的机会。刚开始用勺子时，宝宝可能不适应，甚至不配合，家长可以把勺子给宝宝自己拿着，让宝宝拿着玩，或放在嘴里咬嚼，宝宝就会逐渐适应，会很快学会用勺子吃饭的。

辅食添加的原则有哪些

循序渐进	由少到多、由细到粗、由稀到稠。如从米糊过渡到稠粥，再到软饭，从菜泥、菜末到碎菜逐渐转换。任何新食物从小量（每次1~2茶匙）开始，并视婴儿情况增加进食量或进食次数，如蛋黄从1/4个渐增至1个。
由一种到多种	开始添加辅食时，每次只引入一种新食物，且适应2~3天，如果婴儿适应良好，再引入另外一种新的食物，如此可识别过敏或不耐受的新食物。在婴儿适应多种食物后可以混合喂养，如米粉拌蛋黄、肉泥蛋羹等。
单独制作	婴儿辅食宜单独制作，不加盐、糖和其他调味品。除了家庭不方便制作的含铁米粉、含铁营养包外，婴儿辅食可挑选优质食材在家庭中单独烹制。注意制作过程的卫生，现做现吃，不喂存留的食物。
多次尝试	添加的新食物时常会被婴儿用舌头推出，婴儿甚至出现恶心，这是婴儿自我保护意识的体现，也可能是因为婴儿还不能有效地吞咽半固体食物，不要因此误以为婴儿不愿接受或不喜欢而停止喂食，需要坚持喂食，一般经过10~15次后，新食物就会被婴儿接受。

添加时机	应在婴儿健康、心情愉快、有饥饿感时开始添加新食物。若婴儿患病时应暂停引入新的食物，已经适应的食物可以继续喂养。
辅食宜清淡	婴儿的辅食应口味清淡，1岁以内不宜添加盐及各种调味品，可以添加油。
按需喂养	婴幼儿的饭量、进食节奏均存在个体差异。一些宝宝很容易习惯新食物，而另一些宝宝对于接受一种新食物需要更长时间。父母要善于观察了解婴儿膳食需求和进食状态，适时调整喂养节奏，个体化地满足婴儿膳食需求。定期监测其身长、体重等发育指标，以判断宝宝是否摄入了充足的膳食营养。

如何训练宝宝的进食技能

　　添加辅食的过程要与宝宝的咀嚼、吞咽能力相适应，宝宝的进食技能是逐渐发展完善的。既然是"技能"，就需要学习、锻炼、强化，才能更好地掌握这门"技能"。

　　6~7月龄婴儿可接受泥糊状或切细的软食，可有意训练7月龄左右宝宝咬、嚼指状食物用杯喝水的能力，9月龄可以开始训练用勺自喂，9~12月龄婴儿可咀嚼各种煮软的蔬菜、切碎的肉类，1岁可学习用杯喝奶，均有利于儿童口腔发育成熟。儿童进食应由手抓过渡到使用餐具。婴儿用手抓食物更容易，允许婴儿自己吃饭，对进食技能发展很重要。10~12月龄婴儿可在餐桌上与成人同食，手抓食物进餐。如条件允许，可使用婴儿餐椅或加高椅，便于婴儿与成人共同进餐学习进食技能，增加进食兴趣，又有利于手眼动作协调，培养宝宝的独立能力。

辅食如何完成由细到粗的过渡

因为宝宝的进食技能是逐渐发展的，所以要根据宝宝不同阶段的进食能力，安排合适质地的辅食，达到锻炼进食能力的效果。

早期阶段添加的辅食应是细软的泥糊状食物，逐步过渡为粗颗粒的半固体食物，当幼儿多数牙齿特别是乳磨牙长出后（第一乳磨牙长出的时间一般在13~19月龄时），可给予较大的团块状固体食物。

不同月龄段食物的性状特点

月龄	6月龄	7~9月龄	10~12月龄	13~24月龄
食物性状	泥糊状	泥状、碎末状	碎块状、指状	条状、球块状
谷类	米粉糊	稠粥	软饭	米饭
蔬菜类	蔬菜泥	蔬菜碎	蔬菜碎丁	切碎的菜
畜禽鱼虾类	肉泥	肉末碎	切碎的肉	小块肉
蛋类	蛋黄泥	蛋黄末	小颗粒碎蛋	块状蛋
水果类	水果泥	水果碎蓉	水果碎丁	小块水果

辅食添加的初始阶段（6月龄左右），乳牙即将萌出，食物基本是靠吸吮和吞咽两个动作完成的，所以我们要准备泥糊状的食物。

7~9个月，宝宝开始长出乳牙了，是锻炼咀嚼能力的关键时期，辅食逐渐由泥糊状向固体形态过渡，可以是泥状、碎末状。

10~12个月，虽然牙齿还没有几颗，但宝宝已经会用牙床咀嚼食物了。可以增加食物的硬度，可以是碎块状或指状食物。

13~24个月，经过前期锻炼，宝宝已经具备了较好的咀嚼、吞咽和消化的能力，可添加条状、球块状食物。由肉末转成肉块，鱼泥变成鱼块，还可尝试馒头、饺子等。

当然宝宝有自身的发育特点，对不同形状食物的接受程度有所不同，比如有的宝宝已经可以接受碎面条了，但对肉类可能只接受肉泥，这是很正常的。但家长不要放弃锻炼孩子吃肉末的机会，锻炼得多了，宝宝自然会慢慢接受。

宝宝没长牙，就得一直吃泥糊状食物吗

很多家长认为宝宝没长牙，没有咀嚼能力，就一直给孩子吃泥糊状食物直到牙齿萌出，甚至到了1岁还继续泥糊状喂养，导致后来再添加粗糙的食物时孩子出现很多不适应。其实，辅食的性状和宝宝是否长牙关系不大。

最初添加的辅食是泥糊状食物，是为了顺利地开启辅食添加的过程。但随着宝宝长大，泥糊状食物吃了一段时间后，可参照P12表中不同月龄段宝宝辅食的性状特点，及时调整食物的形态，增加食物的粗糙度。如不及时调整，错过锻炼咀嚼能力的关键期，会带来负面影响：

① 影响咀嚼能力，不利于饮食习惯的养成。咀嚼能力得不到及时锻炼，宝宝很难适应多样化饮食，容易导致偏食，养成不良饮食习惯。

② 影响营养素吸收。宝宝咀嚼少，分泌的消化液会少，影响对食物及营养素的消化和吸收。

③ 咀嚼肌发育不完善，可能影响发音说话。宝宝开始学说话，是需要咀嚼肌配合的，若宝宝常常只吃软碎的食物，不用费劲去咀嚼，口腔肌肉、嘴唇、牙齿得不到充分锻炼，就会导致口齿不清。

④ 影响牙齿发育及脸型。长期吃软食，减弱了对颌骨的刺激，可能会引起牙齿参差不齐，甚至牙颌畸形，从而影响脸型。

如何用小勺喂养宝宝

选用适合婴儿嘴大小的小勺喂食，可训练其口腔运动功能。刚开始添加辅食时可以用小勺舀少量米糊放在婴儿一侧嘴角让其吮舔。切忌将小勺直接塞进婴儿嘴里，否则可能会令其有窒息感，产生不良的进食体验。

帮助宝宝学会用勺子，是给宝宝成功添加辅食的重要一步。刚开始的时候，宝宝对勺子玩耍的兴趣可能大于吃辅食的兴趣，比如用勺子对着食物戳来戳去，拿勺子在嘴里咬来咬去。很多家长容易误认为宝宝是不好好吃饭。宝宝的很多能力都是在游戏中建立的，慢慢引导宝宝学会使用勺子才是关键。可以尝试以下方法，让宝宝喜欢上勺子：

1. 让宝宝自己用勺子吃饭。回应式喂养（见P34），不要太干涉宝宝想自己吃饭的愿望，宝宝第一次自己用勺子时，虽然会弄得到处都是食物，可是他们在体验中，发现自己还可以用勺子把饭舀起来，会给宝宝带来成就感，会激发宝宝自己用勺的欲望。

2. 做好示范。如果宝宝不愿意自己拿着勺子来吃，家长要示范给宝宝看。可以买来两把勺子，自己用一把演示如何使用勺子，让宝宝观察并学会使用。

3. 多一些耐心。刚用勺子喂宝宝时，少盛一点儿食物，轻轻喂到宝宝嘴里，等他咽下去再喂第二口。

4. 选择有可爱造型的勺子。可以给宝宝买几把漂亮的小勺，有的给他玩儿，有的用来喂饭，可以经常变换增加宝宝的新鲜感。宝宝喜欢上勺子后，会咬着，尝试入口，逐渐就不会拒绝用勺吃饭了。这个方法对宝宝很管用！但要注意，宝宝生病的时候不要用他喜欢的勺子喂药，有过不良体验后，宝宝会拒绝原来喜欢的勺子。

宝宝对辅食"闹情绪"怎么办

很多宝宝在第一次吃新添加辅食的时候，可能表现出扭头、用舌往外顶的情况，一些家长就觉得宝宝不喜欢吃这种辅食，从而放弃添加这种辅食，那么宝宝真的是因为"不爱"吃辅食"闹情绪"吗？

刚接触辅食的婴儿对新食物的拒绝也是一种适应性保护。婴儿需要逐渐学习接受一些新的食物，才能成功地从液体为主的食物转变到成人固体食物。所有引入的食物对婴儿来说都是新的，处于自我保护状态时，宝宝可表现出拒绝或"恐新"。如果婴儿有足够的机会（8~10次或者更多次），在愉悦的氛围中去尝试新食物，婴儿会很快从拒绝到接受。抚养者的灰心和焦急，或强迫的方法对宝宝接受新食物会产生负面作用。所以，面对有类似"闹情绪"表现的宝宝，家长要有足够的耐心，采取顺应喂养的态度，不要强迫宝宝进食。

宝宝辅食的添加有顺序吗

辅食要从一种富铁泥糊状食物开始，如强化铁的婴儿米粉、肉泥等，逐渐增加食物种类，过渡到半固体或固体食物，如烂面、肉末、碎菜、水果粒等。但辅食添加没有特定的顺序，不同种类的食物都可以按照家庭或当地的饮食习惯、文化传统引入，但要加入营养密度高的食物。不同种类的食物提供不同的营养素，增加食物多样性才能满足婴幼儿营养需求并达到平衡膳食。

需要强调的是：满6个月开始加辅食，就要开始加肉、菜、谷类食物、水果（种类顺序不分先后），只要宝宝能适应，就要不断尝试新食物，尽快丰富辅食种类。不需要遵循一定的添加顺序，需要遵循宝宝的接受程度，但注意先添加的辅食需要是富含铁的食物。

辅食添加，汤汤水水的食物要少吃

添加辅食的时候，很多家长觉得汤汤水水的食物好消化而且还能补充水分，就经常给孩子吃，但此类食物的营养素和能量含量都偏少，不宜经常给孩子进食。

米汤或米油	主要成分是水，能量和营养素含量极少，摄入过多会影响到宝宝奶的摄入量，影响总热量的摄入，导致宝宝体重不增或增长缓慢。正确做法是少喝米汤，多吃米。
果汁	主要成分是糖，摄取过多糖分会扰乱宝宝的消化吸收功能，破坏他的食欲，导致进食量下降，影响体格发育。容易养成宝宝爱喝甜饮料的习惯，导致肥胖、龋齿等发生。果汁所含营养比新鲜水果更少，无膳食纤维，且维生素损失大，不利于宝宝健康。正确的做法是根据宝宝不同月龄添加不同质地的水果，而不是只喝果汁。
菜水、菜汁	主要成分是水，维生素、矿物质、膳食纤维的含量非常少，给宝宝喝菜水，喝下去的基本上是水，营养成分非常有限。且蔬菜经过水煮后，蔬菜上的农药、草酸等会溶于水中，对宝宝健康非常不利。正确的做法是，焯烫蔬菜的水不要，捞出蔬菜研磨成菜泥作为宝宝的辅食。

什么时候给宝宝添加鸡蛋

鸡蛋的营养	鸡蛋含有除维生素C以外人体所需的各种营养素，尤其是富含蛋白质、必需脂肪酸、视黄醇、铁、锌等，是适合作为婴幼儿辅食的优质食材之一，也是我国传统的哺乳期母亲及婴幼儿的营养食物。
鸡蛋添加时间	鸡蛋也是易过敏食物，特别是蛋清，2%~3%的婴儿对鸡蛋过敏。曾有建议，为减少婴幼儿食物过敏而将鸡蛋及蛋类的添加推迟至12月龄后，但近年来的研究显示，推迟鸡蛋及蛋类的添加并不能减少鸡蛋过敏，因此建议及时添加，建议在宝宝6个月辅食添加后，就逐渐引入鸡蛋，从煮熟、煮透的蛋黄开始。

怎么给宝宝添加鸡蛋

　　鸡蛋的添加可以从蛋黄开始。将鸡蛋煮熟、煮透，水开后继续煮10分钟，去除蛋壳、蛋清，取蛋黄，将蛋黄研磨成粉状。

　　第一天添加1/8个鸡蛋黄，加适量母乳、婴儿熟悉的婴儿配方奶或水，调成糊状，或可将蛋黄加入婴儿已经熟悉的米糊、肉泥中。第二天可增加到1/4个鸡蛋黄，第三天增加到1/2个鸡蛋黄，第四天增加到整个鸡蛋黄。随后，可从生鸡蛋中取出蛋黄，打散加少量水，蒸熟成蛋黄羹，并逐渐混入蛋清至整个鸡蛋。还可以做成肉末蒸蛋、虾泥蒸蛋等。鸭蛋、鸽蛋、鹌鹑蛋等蛋类的营养价值与鸡蛋类似。

　　添加鸡蛋后反应的处理：如果婴儿添加蛋黄或整鸡蛋后有呕吐、腹泻、严重皮疹等不良反应时应及时停止。如果症状严重应及时就医，判断是否为鸡蛋过敏。如果症状不严重，可以等待2周至症状消失后再次尝试，如果仍出现类似症状，可能是鸡蛋过敏，需要寻求医生帮助。

辅食添加需要哪些烹饪器材及工具

食材处理工具

辅食机

将食物处理得细腻，适合制作泥糊状食物。

料理棒

价格比辅食机便宜，好清洗，但制作的辅食没有辅食机细腻。

多功能料理机 / 破壁机

将食物加工得非常细腻，适用于低龄宝宝，也可制作米糊、豆浆等。

辅食锅

用来给宝宝制作辅食，炒菜或制作小饼、煎鸡蛋等。

砧板刀具

用于切碎辅食，要注意消毒及生熟分开。

手动研磨碗

将辅食研磨细腻，使其易于吞咽，适合较小月龄的宝宝。

辅食剪刀

将食物剪成合适的大小，适合较大月龄的宝宝。

捣碎器

将柔软的食物捣成泥状，适合较小月龄的宝宝。

食材处理工具

压泥器

用来压碎各种薯类，增加食物种类，适合较小月龄的宝宝。

擦丝器

将食物擦成丝后便于制作成碎颗粒状或小丁块状，适合较大月龄的宝宝。

滤网

将相对粗糙的食物经过滤网过滤成更细腻的泥状，便于宝宝吞咽。适合较小月龄的宝宝。

电子秤

称量食材重量。

手动打蛋器

更快、更均匀地打散蛋液，可用于制作面糊等食材。

量杯

主要用来衡量液体的量，如奶、水等。

收纳储存

削皮器

将带皮的蔬菜、水果削皮。

辅食盒

用于存储辅食，便于少量多次使用，增加食物种类。

保温罐

装粥类食物，适合不能使用外面餐馆食物的宝宝，能保持粥类温度。

喂食工具

辅食碗

容量为250毫升左右，便于计量。

吸盘碗

宝宝进食时不易打翻。

注水保温碗

适合冬天使用，避免宝宝吃得慢导致辅食变凉。

辅食餐盘

便于判断食物量，可以选择重心低，不易打翻的餐盘。

双耳杯

便于年龄稍大的宝宝拿着练习喝水。

感温变色勺

根据辅食的温度变色，以防烫伤宝宝。

喂食工具

硅胶软勺

辅食添加初期，喂养宝宝使用。

不锈钢勺

宝宝月龄增大后使用，可选择短柄勺，方便抓握。

其他

反穿衣

便于清洗。

围兜

便于清洗。

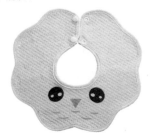

餐椅

宝宝定点就餐，培养好习惯。

怎样给宝宝吃蔬菜、水果

　　蔬菜和水果是制作辅食的常用食材，制作辅食时要尽可能保留蔬果中的营养，并且使宝宝爱吃。

　　6月龄辅食添加初期，蔬菜常被制作成蔬菜泥给宝宝吃，不同种类的蔬菜制作方法也不同。根茎类蔬菜，如胡萝卜、土豆等，要先将其去皮蒸熟后，制成泥；绿叶菜应该先用沸水煮一会儿，再捞出制成泥，而且菜泥要尽可能剁碎，菜叶不可煮得过久，以免其中的维生素流失。宝宝7个月后，如果是做菜粥，则需要等到粥将熟时再加入制好的菜泥，保持更多的蔬菜营养，注意不要把蔬菜煮太久。蔬菜一定要煮熟后才能喂给宝宝吃，不宜吃生蔬菜。

　　水果制成果泥有益于营养的保存，适合宝宝作为辅食食用。果泥也不要加入米粉中喂宝宝吃，以免宝宝对米粉的味道出现错觉，导致只爱吃口味好的米粉，不爱吃清淡的米粉。

　　在添加蔬菜和水果时，最开始应该只添加一种食材，然后慢慢过渡到几种食材一起添加。吃完蔬菜、水果，应该给宝宝喂一些白开水，有利于口腔的清洁。

宝宝要长牙了，怎么准备食物

　　多数宝宝在6个月大时就开始萌出乳牙，7~8个月时大门牙可能就长出来了，发育快的宝宝可能会更早。宝宝出牙期，牙床会痒痒的，有的还会有疼痛等不适感，喜欢往嘴里放东西，对辅食的兴趣也逐渐加大。由于咀嚼功能尚未得到充分锻炼，这时的宝宝可能还不会用牙龈嚼碎食物，所以家长可以给宝宝准备一些类似嫩豆腐质地的辅食，让宝宝用舌头就能轻松捣烂。9个月以后，宝宝具备了一定的咀嚼能力，可以用牙龈嚼碎一些食物了，给宝宝添加的辅食中可以有一些细小的颗粒，食物体积也可以适当增大，硬度与香蕉类似。总的来说，制作辅食时，要使食物的性状与宝宝的牙齿发育相匹配，这样有助于锻炼宝宝的咀嚼能力。

如何给宝宝制作肉类辅食

《中国居民膳食指南（2022）》指出，宝宝的第一口辅食可以选择富含铁的泥糊状食物，如肉泥、蛋黄泥、强化铁的婴儿米粉等。所以，宝宝从开始进行辅食添加的时候就可以"吃肉"啦。

如何为宝宝制备肉泥等动物性食物辅食呢？

肉泥　选用瘦肉（猪肉、牛肉等均可），洗净后剁碎，用多功能料理机或辅食机制成肉糜，加适量的水煮烂成泥状。加热前先用手动研磨碗或调羹将肉糜碾压一下，可以使肉泥更嫩滑。刚开始添加辅食时，可在蒸熟或煮烂的肉泥中加适量母乳、婴儿熟悉的婴儿配方奶或水，再用食品加工机粉碎，制作期间务必注意各种器具的清洁、消毒。

肝泥　将猪肝洗净、剖开，用刀在剖面上刮出肝泥；或将剔除筋膜后的猪肝、鸡肝、鸭肝等剁碎或粉碎成肝泥，蒸熟或煮熟即可。也可将猪肝、鸡肝、鸭肝等煮熟或蒸熟后碾碎成肝泥。刚开始添加辅食时，也可加入适量母乳、婴儿熟悉的婴儿配方奶或水，再粉碎。

鱼泥　将鱼处理干净，蒸熟或煮熟，然后去皮、去骨，将留下的鱼肉用调羹或手动研磨碗压成泥状即可。

虾泥　活虾去壳、去肠，剁碎或粉碎成虾泥后，蒸熟或煮熟即可。

宝宝已经添加辅食了，为什么体重反而增长慢了

首先，宝宝半岁后，生长速度有所放缓，每个月增重约0.3千克，这是正常的过程。也有些宝宝在添加辅食之初，需要一个适应的过程，在这个过程中体重增长缓慢也是正常的现象。每个宝宝的发育情况不同，进食量不同，生长发育速度也有所不同。

家长在判断宝宝生长状况时，不要仅凭一次测量结果做评价，需结合宝宝一段时间的发育记录来判断，也就是可通过生长发育监测，来判断宝宝的生长速度是否正常。只要宝宝的身高、体重曲线正常，就表示宝宝的生长发育处于正常范围内。当然，如果添加辅食后宝宝体重一直处于增长缓慢的状态，就应考虑喂养是否得当了。如果是由于喂养问题造成的，则需要改变喂养行为，保证宝宝摄入高营养素密度的食物，合理添加适合宝宝月龄性状的谷类、肉类、蛋类、蔬菜等辅食。如进行营养干预后体重仍然增长不良，需要到医院寻求医生帮助。

7~24 月龄婴幼儿食物如何做到多样化

不同种类的食物为人体提供不同的营养素，只有多样化的食物才能提供全面而均衡的营养。中国营养学会发布的《中国7~24月龄婴幼儿平衡膳食宝塔》（见P25），充分体现了食物多样化的原则，婴幼儿辅食要包括：①谷物类，如稠粥、软饭、面条等，它们含有大量的碳水化合物，可以为婴幼儿提供能量，但一般缺乏铁、锌、钙、维生素A等营养素；②动物性食物，如鸡蛋、瘦肉、肝脏、鱼类等，富含优质蛋白质、铁、锌、维生素A等，是婴幼儿不可或缺的食物；③蔬菜和水果是维生素、矿物质以及膳食纤维的重要来源之一；④豆类是优质蛋白质的补充来源；⑤植物油和脂肪，提供能量和必需脂肪酸。

中国营养学会 Chinese Nutrition Society

中国7~24月龄婴幼儿平衡膳食宝塔

依据《中国居民膳食指南(2022)》绘制

 MCNC-CNS 中国营养学会 妇幼营养分会

- 继续母乳喂养
- 满6月龄开始添加辅食
- 从肉/肝泥、铁强化谷粉等糊状食物开始
- 母乳或奶类充足时不需补钙
- 仍需要补充维生素D, 400IU/日
- 回应式喂养,鼓励逐步自主进食
- 逐步过渡到多样化膳食
- 辅食不加或少加盐、糖和调味品
- 定期测量体重和身长
- 饮食卫生、进食安全

	7~12月龄	13~24月龄
盐	不建议额外添加	0~1.5克
油	0~10克	5~15克
蛋类	15~50克 (至少1个鸡蛋黄)	25~50克
畜禽肉鱼类	25~75克	50~75克
蔬菜类	25~100克	50~150克
水果类	25~100克	50~150克

继续母乳喂养,逐步过渡到谷类为主食

	母乳700-500毫升	母乳600-400毫升
谷类	20~75克	50~100克

不满6月龄添加辅食,须咨询专业人员做出决定

中国营养学会指导
中国营养学会妇幼营养分会编制

不同月龄宝宝各类食物推荐量是多少

6月龄宝宝各类食物推荐量

　　6月龄是辅食添加的初始阶段,母乳仍然非常重要,继续坚持母乳喂养(确无条件继续母乳喂养的,可选择配方奶作为母乳的补充)每天为婴儿提供800~1000毫升的奶量。辅食开始1天1次,每次1~2勺泥糊状食物。每次只添加一种辅食,注意观察婴儿添加辅食后的反应。观察5~7天无不良反应后再添加另一种辅食。随时间推移,逐渐增加到1天2~3小餐。瓷勺(10毫升)及直口碗(250毫升)规格如下图所示。

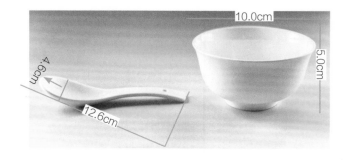

10.0cm
5.0cm
4.6cm
12.6cm

7~9月龄宝宝各类食物推荐量

7~9月龄婴儿母乳喂养每天4～6次，保持600毫升以上的奶量（确无条件继续母乳喂养的，可选择配方奶作为母乳的补充）。每天喂辅食2次，并优先添加富铁食物，如肉类、蛋黄、强化铁的婴儿米粉等，逐渐达到每天至少1个蛋黄以及25克肉禽鱼，谷物类不低于20克；蔬菜、水果类各25~100克。如婴儿对蛋黄或鸡蛋过敏，应回避鸡蛋而再增加肉类30克。如婴儿辅食以谷物类、蔬菜、水果等植物性食物为主，需要额外添加不超过10克的油脂，推荐以富含α-亚麻酸的植物油为首选，如亚麻籽油、核桃油等。

10~12月龄宝宝各类食物推荐量

10~12月龄婴儿应保持每天约600毫升的奶量，母乳喂养每天4次（确无条件继续母乳喂养的，可选择配方奶作为母乳的补充）。喂辅食每天2~3次，加餐1次。保证摄入足量的动物性食物，每天1个鸡蛋（至少1个蛋黄）以及25~75克肉禽鱼；谷物类20~75克；蔬菜、水果类各25~100克。油脂量在10克以内。继续引入新的食物，特别是不同种类的蔬菜、水果，增加婴儿接触不同口味和质地食物的体会，减少将来挑食、偏食的风险。

13~24月龄宝宝各类食物推荐量

继续母乳喂养，每天不超过4次，提供奶量约500毫升，确无条件继续母乳喂养的，可选择配方奶作为母乳的补充，也可引入少量鲜牛奶、酸奶、奶酪等，作为幼儿辅食的一部分。每天三餐辅食，每次一碗，加餐2次（在两次正餐之间各加1次）。每天1个鸡蛋，50~75克肉禽鱼，50~100克谷物类，蔬菜、水果类各50~150克。

儿童常见的过敏原有哪些

儿童食物过敏在世界范围内广泛存在，发病率为0.02%~8%，因年龄、地区、过敏原的不同而不同。在我国，90%的儿童食物过敏与鸡蛋、牛奶、大豆、小麦、花生、鱼、虾、坚果类8种食物有关。其中鸡蛋过敏居首位，发生率达3%~4.4%，其次是牛奶过敏，达0.83%~3.5%。花生、坚果类过敏分别居第三、四位，且过敏症状可持续数年，甚至到成年后。我国婴幼儿食物过敏患病率近10年由3.5%上升至7.7%。2018年我国多中心流行病学显示，1岁以下婴幼儿牛奶蛋白过敏患病率达2.69%，是食物过敏的主要原因。

晚一些添加辅食，是否可以预防食物过敏

很多家长害怕宝宝食物过敏，在辅食添加过程中，这也不敢吃，那也不敢吃。其实，在没有证据的条件下推迟某些辅食的添加时间，反而给宝宝带来更高的过敏和营养风险。容易过敏的宝宝，更应该保证食物的多样性，尝试了才知道是不是过敏。

在胎儿期，过敏原可通过胎盘到达胎儿。出生后，过敏原可通过皮肤暴露、哺乳等使婴儿有了致敏过程。研究表明，如果能在生命早期引入多种食物蛋白，则可能诱导口服耐受。通俗地说，就是相比推迟易过敏食物的添加，早期添加以上8大类易过敏食物（鸡蛋、牛奶、大豆、小麦、花生、鱼、虾、坚果类）反而可通过诱导口服耐受而减少食物过敏。目前对花生和鸡蛋的研究最多，支持在婴儿4~11月龄期间引入花生，在4~6月龄期间引入鸡蛋，可减少这两种食物过敏的风险。同时，在婴儿出生的第一年，引入的食物种类越多，过敏发生风险越低。

所以，为了预防宝宝食物过敏而推迟某些辅食添加是不科学的。

婴幼儿食物什么时候可以加盐

根据世界卫生组织和中国营养学会的建议，1岁以内的宝宝不额外添加食盐，1岁以后可以少量吃盐。

对于6个月以内的健康宝宝，只需要充足的母乳（维生素D除外）就能满足宝宝营养的需要，6个月以后继续母乳喂养，添加原味食物，就可以满足1岁以内宝宝对钠的需要。配方奶粉中的钠相对母乳可能会高。

1岁以内的宝宝尽量不额外加盐，6个月以后需要添加营养丰富的辅食，就可以从天然食物中（主要是动物性食物）中获得钠，再加上从母乳中获得的钠，可以达到7~12月龄婴儿钠的适宜摄入量（AI）350毫克/天。只要饮食均衡，宝宝完全可以从母乳、配方奶及其他天然食物中获取足够的钠。

1岁以后的宝宝可以逐步尝试家庭食物，这个时候就可以少量吃盐。但13~24月龄期间每天的食盐摄入量最好不超过1.5克，只要提供的是低盐的食物，就有利于确保宝宝吃的盐不会太多。2岁以后的宝宝就可以和大人一起吃饭了，只要家庭做饭食盐控制合理，不给宝宝提供高盐零食，就有利于让宝宝持续保持低盐饮食的习惯。

天然食物中所含的钠能否满足婴儿的需求

盐的主要成分是氯化钠，1克钠可以换算成2.5克盐，要想把钠的量换算成盐的量，用钠的量乘以2.5即可。对宝宝来说，根据《中国居民膳食指南（2022）》，不同年龄段的宝宝钠的适宜摄入量如下表：

月龄	钠的每日适宜摄入量 / 推荐摄入量	折算成盐的重量
0~6月龄	170毫克	425毫克≈0.4克
7~12月龄	350毫克	875毫克≈0.9克
13~36月龄	700毫克	1750毫克≈1.8克

母乳中的钠可以满足婴儿的需要，母乳的钠含量为16毫克/100毫升。7~12月龄婴儿可以从天然食物中，主要是动物性食物中获得钠，如1个鸡蛋含钠71毫克，100克新鲜瘦猪肉含钠65毫克，100克新鲜海虾含钠119毫克，加上婴儿从母乳中获得的钠，可以达到7~12月龄婴儿钠的适宜摄入量（AI）350毫克/天。13~24月龄幼儿开始少量尝试家庭食物后，钠的摄入量将明显增加。

辅食不加盐，宝宝会不会缺碘

　　0~6月龄婴儿碘的适宜摄入量为85微克/天，7~12月龄婴儿为115微克/天，1~3岁幼儿的碘推荐摄入量（RNI）为90微克/天。《中国居民膳食指南（2022）》指出，当母亲碘的摄入充足时，母乳的碘含量可达到100~150微克/升，能满足0~12月龄婴儿的需要。7~12月龄婴儿还可以从辅食中获得部分碘。13~24月龄幼儿开始尝试家庭食物，也会摄入少量的含碘盐，从而获得足够的碘。为保证婴幼儿碘的摄入，建议哺乳母亲经常食用海产品，海产鱼虾类也可尽早作为婴幼儿的辅食。所以，即使辅食不加盐，如果宝宝饮食丰富，是不会缺乏碘的。

如何看标签，揪出宝宝饮食中的"隐藏盐"

细心的父母在有了宝宝之后，家里的饮食也会相对调整，由之前的"重口味"转向了清淡饮食，表现为做菜的时候少放盐。实际上，很多人喜欢做菜时放酱油、蚝油等进行调味，殊不知，有可能因为上述调味品导致饮食中的盐超标。如何通过食品或者调味品中的"钠"来揪出"隐藏盐"呢？

在购买食品或调味品时，要根据标签中的钠含量来推算出含盐量，避免高盐饮食，常见的酱油每10毫升含有1.6~1.7克盐，10克豆瓣酱含1.5克盐，1袋15克的榨菜含盐量约为1.6克，应注意尽量减少摄入，以防"隐藏盐"导致的超标。

鸡精、味精、酱油、蚝油等调料都是"隐藏盐"的重灾区，要把它们当"盐"用。一些海产品，尤其是一些干货，钠的含量都不低。还有一些吃起来甜甜的食物，如小面包、小蛋糕等，因为加了糖，会减轻盐的咸味。不要迷信儿童酱油、儿童肉松等。家长一定要学会换算盐的含量，揪出藏在食物中的"隐藏盐"。

1 克盐	2 克盐
≈一元硬币大，一元硬币高	≈1个一元硬币大，2个硬币那么高
≈指甲盖这么大	≈1/2大拇指

宝宝的辅食如何做到少加糖

　　婴幼儿辅食需要单独制作，尽量不加盐、糖及各种调味品，保持食物的天然味道。淡口味食物有利于提高婴幼儿对不同天然口味食物的接受度，培养健康饮食习惯，减少偏食、挑食的风险。淡口味食物也可减少婴幼儿糖的摄入量，降低儿童期及成人期肥胖、糖尿病等疾病的发生风险。吃糖过多还会增加儿童患龋齿的风险。

　　针对宝宝而言，糖是很重要的营养素，如果母乳（或奶类）、新鲜水果、谷类、薯类、蔬菜摄入充足的话，天然的糖（碳水化合物）可以满足宝宝生长发育的需求，基本上不用额外添加更多的糖。

　　给宝宝的辅食少加糖，主要指少加"添加糖"，尽量少选糖果、糕点等含糖高的食物作为辅食。如果从添加辅食开始就添加糖，会让宝宝养成喜欢吃甜食的习惯，适应甜的口味，对以后不放糖的食物会表现出拒绝，出现偏食现象。添加糖还容易让宝宝产生饱腹感，太甜的食物容易影响宝宝的食欲，造成厌食。

宝宝辅食要不要加油

虽然油是人体必需脂肪酸和维生素E的重要来源，有助于食物中脂溶性维生素的吸收利用，但摄入过多也会成为诱发肥胖、高血脂、心脑血管病等慢性疾病的危险因素，因此把握好食用量非常关键。《中国居民膳食指南（2022）》推荐，7~12月龄婴儿摄入量不超过10克/天，13~24月龄幼儿摄入量为5~15克/天。

婴幼儿期的快速生长发育对能量的相对需要量高于成人，相较于碳水化合物及蛋白质，油脂的能量密度最高。根据平衡膳食的要求，婴幼儿膳食中的脂肪供能比分别为：0~6月龄48%，7~12月龄40%，13~24月龄35%。尽管随着月龄的增大，脂肪供能比例逐渐下降，但也明显高于成人的25%~30%。

此外，常见的DHA、ARA等条件必需脂肪酸还具有促进大脑及视功能发育的功能。所以，在准备婴幼儿膳食时需要注意适量选择富含油脂的食物，如鸡蛋、畜禽瘦肉以及富含ω-3多不饱和脂肪酸的深海鱼类等。

给宝宝制作的辅食，需要额外添加一些烹调油，植物油或动物油都可以，在增加热量满足宝宝需求的同时，也能改善辅食的口味，让宝宝喜欢上辅食。

哪种油比较适合宝宝

日常饮食烹调中，常见动物油和植物油两大类。猪油、牛油、奶油等动物油因饱和脂肪酸比例高，且含有较多的胆固醇，故不建议过多添加在辅食的原料中。

植物油种类丰富，每种油脂所含的脂肪酸也不同，在制作辅食的过程中，可以根据食材、烹调方式来选择。例如：亚麻籽油富含α–亚麻酸，属于必需脂肪酸，也是EPA（二十碳五烯酸）和DHA（二十二碳六烯酸）的前体物质，有助于大脑和视网膜的发育。但由于亚麻籽油易氧化变质，故需低温、避光保存。制作辅食时，可在最后一步加入。花生油富含维生素E，耐热性好，适合做一般炒菜。葵花籽油的脂肪酸组成和大豆油类似，以亚油酸为主，人体消化吸收率较高。除了适合煎炒烹炸外，还可以用来做烘焙。因此，推荐多种植物油经常更换着吃。

辅食如何添加油

7~9月龄的宝宝初添加辅食多以富含铁的泥糊状食物为主，烹调方法多为蒸、煮等，故而家长在做好米粉、菜泥等辅食后，再滴入几滴油脂（亚麻籽油、核桃油、橄榄油等）就可以了。但若是脂肪含量较高的猪肝泥、瘦肉泥、鱼虾泥等，可以少放或不放油，过多摄入油脂会影响宝宝的消化。

10~12月龄的宝宝辅食质地比前期加厚、加粗，带有一定的小颗粒，并可尝试块状的食物，烹调方法也更加多元，炒炖均可。此阶段的辅食制作可选择多种食材混合烹制。例如番茄青菜牛肉稠粥，这道辅食制作中使用花生油将切碎的番茄、青菜、牛肉煸炒炖烂后搭配蒸煮好的稠粥即成。

13~24月龄的宝宝辅食品种、性状可逐渐趋向于成人，但用油要适量，不要过油或过于清淡；日常饮食烹调以蒸、煮、炖、焖、快炒这些健康省油的方式为主，尽量不要采取煎、炸等高油型的方式；选购包装食品时应该学会阅读营养成分表，坚持选择少油少钠食品；同时，应限制幼儿加工食品、零食等的摄入，如香肠、饼干、糕点、薯片等在制作过程中使用了大量的油脂。

适合婴儿辅食烹饪的方法有哪些

辅食烹饪最重要的是要将食物煮熟、煮透，同时尽量保持食物中的营养成分和原有口味，并使食物质地适合婴幼儿的进食能力。辅食的烹饪方法宜多采用蒸、煮，不用煎、炸。

7~24月龄婴幼儿的味觉、嗅觉还在形成过程中，对食物味道的认识也正处于学习阶段。父母及喂养者不应以自己的口味来评判辅食的味道以及婴幼儿的接受度。在制作辅食时，可以通过不同食物的搭配来增进口味，如番茄蒸肉末、土豆牛奶泥等，其中天然的奶味和酸甜味可能是婴幼儿最熟悉和喜爱的口味。同时还要兼顾婴幼儿的心理特点，每天的食物要更换品种及烹饪方法，以防单调的食物和烹调方式引起婴幼儿挑食、偏食。

什么是回应式喂养

回应式喂养是在顺应养育模式框架下发展起来的婴幼儿喂养模式，实质上就是指"按需喂养"。回应式喂养要求：父母应负责准备安全、有营养的食物，并根据婴幼儿需要及时提供；父母应负责创造良好的进食环境，而具体吃什么、吃多少，则应由婴幼儿根据自己的需求自己决定。

回应式喂养有利于促进父母与婴幼儿之间的情感联结和良好的依恋关系，从而促进婴幼儿的认知能力和心理行为发育，增进婴幼儿对饥饿或饱足的内在感受，发展其自我控制饥饿或饱足的能力，这对预防肥胖、生长迟缓等常见儿童营养问题极为重要，可使婴幼儿获得最佳的健康和生长发育状态。

回应式喂养作为关键原则应被强调并应用于育儿过程：

对于婴儿，他们完全依赖父母（或抚养人）喂食；

对于已经可以自己吃饭的孩子，则需要父母的帮助。

帮助宝宝吃饭时，要慢一点，有耐心并且鼓励宝宝

吃饭，而不是强迫他们吃饭。

如果宝宝拒绝吃多种类食物，可以尝试不同食物、味道、口感的搭配以及采取鼓励吃饭的方式。

吃饭时，与宝宝交谈并保持眼神的交流，让吃饭变成一个相互了解、充满爱的"游戏"。父母有责任在喂养中敏锐地觉察宝宝发出的各种信号，减缓紧张情绪，让喂养过程变得愉悦轻松。而清晰地表达饥饿和满足的信号，并乐于接受看护者，这显然是宝宝的任务。

 # 如何进行回应式喂养

营造进餐氛围	父母需要根据婴幼儿的年龄准备好合适的辅食，并按婴幼儿的生活习惯决定辅食喂养的适宜时间。从开始添加辅食起就应为婴幼儿安排固定的座位和餐具，营造安静、轻松的进餐环境，杜绝电视、玩具、手机等的干扰。喂养时父母应与婴幼儿保持面对面，以便于交流。
识别喂养信号	如当婴儿看到食物表现兴奋、小勺靠近时张嘴、舔吮食物等，表示饥饿；而当婴儿紧闭小嘴、扭头、吐出食物时，则表示已吃饱。父母应以正面的态度，鼓励婴幼儿以口头语言、肢体语言等发出要求或拒绝进食的请求，增进婴幼儿对饥饿或饱足的内在感受，发展其自我控制饥饿或饱足的能力。
不强迫进食	宝宝不爱吃某种食物的时候，父母要耐心鼓励和协助婴幼儿进食，但绝不强迫进食。应允许婴幼儿在准备好的食物中挑选自己喜爱的食物。父母应对食物和进食保持中立态度，不能以食物和进食作为惩罚和奖励。
鼓励宝宝自主进食	父母应允许并鼓励婴幼儿尝试自己进食，可以手抓或使用小勺等，并建议特别为婴幼儿准备合适的手抓食物，让宝宝自己感受自我进食的乐趣与成就感，增强对食物和进食的注意与兴趣，并促进婴幼儿逐步学会独立进食，控制每次进餐时间不超过20分钟。此外，父母的进食行为和态度是婴幼儿模仿的榜样，父母必须注意保持自身良好的进食行为和习惯。

如何培养宝宝自主进食

婴幼儿学会自主进食是其成长过程中的重要一步，需要反复尝试和练习。父母或喂养者应该有意识地结合婴幼儿感知觉、认知行为和运动能力等的发展，逐步训练和培养婴幼儿的自主进食能力。7~9月龄婴儿喜欢抓握，喂养时可以让其抓握、玩弄小勺等餐具；10~12月龄婴儿能捡起较小的物体，手眼协调熟练，可以尝试让其自己抓着香蕉、煮熟的土豆块或胡萝卜等自喂；13月龄幼儿愿意尝试抓握小勺自喂，但大多洒落；18月龄幼儿可以用小勺自喂，但仍有较多洒落；24月龄幼儿能够用小勺自主进食，并较少洒落。在婴幼儿学习自主进食的过程中，父母应给予充分的鼓励，并保持耐心。

辅食添加中宝宝出现不适反应怎么办

在从只吃乳类向添加辅食过渡的过程中，宝宝会出现各种反应，如恶心、卡噎、呕吐、便稀，甚至拒绝进食。很多家长在看到宝宝出现上述情况后，觉得宝宝不适应辅食添加，就只给稀糊状的容易吞咽的辅食，甚至放弃添加辅食。辅食不同于母乳的口味，质地也与乳类不同，进食颗粒状、半固体、固体的辅食需要咀嚼、吞咽，而不仅仅是吸吮，这些都需要婴幼儿慢慢熟悉和练习。在添加辅食过程中父母或喂养者应保持耐心，积极鼓励婴幼儿反复尝试。此外，父母或喂养者也要掌握一些喂养技巧，如喂养辅食的小勺应大小合适；每次喂养时先让婴幼儿尝试新的食物；或将新的食物与婴幼儿熟悉的食物混合，如用母乳调制米粉，在婴幼儿熟悉的米粉中加入少量蛋黄等；注意食物温度合适，不能太烫或太冷。

少数婴幼儿可能因疾病原因而造成辅食添加延迟，或者因发育迟缓、心理因素等致使固体食物添加困难。对于这些特殊情况，需要在专业医生的指导下逐步干预、提升宝宝的进食技能。

辅食添加过程中出现的便秘如何饮食调理

很多宝宝在母乳喂养期间，大便一天2~3次，呈金黄色糊状便，很规律。进行辅食添加后，大便次数减少到2~3天一次，而且大便逐渐变得干硬，宝宝每次排大便都会哭闹一会儿。宝宝添加辅食后为什么会出现便秘呢？

现在很多家长为了让孩子营养吸收好，用破壁机、料理机等把各种食物（各种菜、肉、粮食等）做成糊状，孩子吃得过于精细，食物残渣少，膳食纤维摄入不足，导致宝宝大便干结，不易排出。

对于出现便秘的宝宝，建议尝试以下方法，帮助缓解便秘：

① 遵循辅食添加原则，从泥糊状食物开始，随着孩子月龄的增长，逐渐过渡到半固体及固体食物，逐渐增加蔬菜、水果类食物，保证孩子膳食纤维来源充足。

② 注意辅食添加过程中，食物性状的逐渐转换。6月龄为泥糊状食物，7~9月龄为泥状、碎末状食物，10~12月龄为碎块状、指状食物，12月龄以上尝试各种家庭日常食物。过程中都要注意补充足量富含膳食纤维的青菜、绿叶菜，而不仅仅是含淀粉较多的根茎类蔬菜（如土豆、山药、藕等）。

③ 如果便秘已经持续较长时间，孩子出现了大便带血的情况，建议到医院就诊，查找便秘原因。在医生指导下口服软化大便药物，帮助宝宝排出干硬大便。或遵医嘱服用益生菌、益生元、膳食纤维等的同时，调整膳食结构，养成良好排便习惯。

辅食添加后，宝宝大便变稀怎么办

宝宝年龄小，胃肠功能发育不完善，添加辅食后可能会因为不适应新食物出现消化不良甚至腹泻症状，如大便次数较之前增多，大便性状较稀。看到宝宝添加辅食后出现的这些症状，很多家长会因此停止添加辅食，而且即使大便好转，也不敢再给孩子进行辅食添加，导致错过辅食添加关键期，那么添加辅食后，宝宝便稀怎么办？

① 如果腹泻不严重，大便只是较之前略稀，次数较之前多1~2次，且不影响孩子的精神和食欲，可维持原辅食添加情况观察，暂不引入新的食物，一般每种新食物引入需要适应2~3天，症状减轻，则可继续添加。

② 如果2~3天后腹泻持续且加重，出现水样或蛋花样便，且每天5~6次甚至更多，需要暂停这种新食物3~5天，腹泻症状好转后再继续添加，若再次出现腹泻，则停止添加这种新食物；如果停止这种食物后孩子腹泻仍不好转，就需要及时就医，化验大便寻找病因。

宝宝进食的食物安全如何保证

食物的购买	选购婴幼儿食品时，父母应仔细查看食品标签，确保所购食品符合国家质量安全标准。
食物的烹调	对宝宝来说，食物都要高温加热，煮（蒸）熟（烂），杀灭病原微生物。不要给宝宝吃凉拌食物。生吃的水果和蔬菜必须用清洁水彻底洗净，而给予婴幼儿食用的水果和蔬菜应去掉外皮、内核及籽，以保证食用安全。
食物的储存	食物在高温烧煮后，绝大多数的病原微生物均可被杀灭。但煮熟后的食物仍有再次被污染的可能，因此准备好的食物应尽快食用。

 # 家庭自制婴幼儿辅食如何确保安全卫生

食材选择	家庭自制婴幼儿辅食时，应选择新鲜、优质、安全的原材料。
辅食制作	制作过程中必须注意清洁、卫生，如制作前洗手、保证制作场所及厨房用品清洁。必须注意生熟分开，以免交叉污染。
按需准备	按照需要制作辅食，做好的辅食应及时食用，未吃完的辅食应丢弃。
做好储存	多余的原料或者制成的半成品，应及时放入冰箱冷藏或冷冻保存。

哪些食物容易引起进食意外

　　整粒或大块坚果。如花生、腰果、松子等，婴幼儿无法咬碎且容易呛入气管，禁止食用。鉴于坚果的营养，建议家长给孩子吃坚果时，可以磨成粉末状后再进食。

　　果冻等胶状食物。这类食物容易引起误吸，不慎吸入气管后不易取出，也不适合2岁内的婴幼儿。

　　带刺带骨的食物。如鱼刺等卡在喉咙是最常见的进食意外。

　　当婴幼儿开始尝试家庭食物时，由大块食物哽噎而导致的意外会有所增加。给宝宝进行辅食添加时，要根据辅食添加原则及宝宝能力的发展情况，从泥糊状、碎末状、丁块状的辅食逐渐添加。

辅食，应该自制还是购买

给宝宝添加的辅食，可以家长自己做，也可以购买，这两种方式各有特色。家庭可以根据实际情况选择，但无论哪种方法，都要遵循辅食添加原则。

① 自制辅食。原料丰富，可以选择谷类、蛋类、蔬菜、水果、肉类、鱼、虾等。家长可以选择新鲜食材，一餐一做，让宝宝吃到新鲜辅食。可以不添加盐、糖等调味品，味道也更偏向于家常化，但制作费时、费力。

② 购买辅食。购买婴儿辅食，强化营养素是一大优势，尤其是强化铁、锌、钙等，能预防宝宝铁缺乏及缺铁性贫血、生长发育迟缓等。市售辅食使用便捷，有的打开就能吃，且携带方便。正规厂家的食品质量也有保证，但价格较贵。

如何回应宝宝"饥饱"

有的家长总是怕宝宝饿着，时不时地给宝宝吃点东西；也有的家长怕宝宝吃多了影响脾胃功能，总不敢让宝宝吃饱。其实，对宝宝发出的饥饿和饱足的信号要及时应答。婴儿饥饿时要及时喂食，吃饱了要停止喂食。

家长要相信宝宝具备自主调节进食量的能力，通俗地说就是"知道饥饱"。家长的控制会削弱宝宝对进食量的自我调节能力，如果婴儿没有机会亲自经历、体验和感受自己的饱足感和饥饿感，可能会失去对进食量的自我控制能力。所以，家长要具备识别宝宝饥饿和饱足的能力，如果对宝宝的进食分量过分干涉，将减弱宝宝能量摄入的自我调节能力。这种能力的减弱或丧失，将对儿童的饮食行为产生长久的不良影响，明显的后果是导致过度进食和肥胖，或者对食物不感兴趣。

宝宝不爱吃辅食怎么办

宝宝真的是不爱吃辅食吗？

婴儿在首次尝试某种新的食物时，会有一个逐渐接受的"恐新"过程，一般表现为先舔、勉强接受、吐出、再喂、吞咽等，有的可能反复5~15次，经过数天才能毫无戒备地享受以前拒吃的食物，这是婴儿自我防护的本能，也是婴儿同外界逐渐建立联系的正常表现。家长不能把宝宝开始的"试探"视为不喜欢，不再给吃的，这会影响后期宝宝继续吃这种食品的兴趣。7~8 个月后宝宝的味觉发育了，要进一步调整食物的色、香、味、形，这能诱发食欲，同时也会锻炼婴儿的咀嚼功能。

是不是食物太单一了？

有的家长看着宝宝米粉吃得挺好，就天天给宝宝吃米粉，不变换花样。再好吃的食物每天都吃，也会厌烦。要设法在婴儿期让宝宝尝试和喜欢吃各种食品，这样才能避免形成挑食、偏食、异食、拒食等不良的进食习惯。如果宝宝偏食挑食，可以尝试把不同的食物混合在一起、调节口味和烹调方法等手段，并鼓励宝宝进食。可以从宝宝能接受的食物着手，逐渐增加宝宝不喜好食物的量，循序渐进，以宝宝感觉不出明显的饮食变化为度。应允许宝宝有食物偏好，但不强化，不强迫宝宝进食。

家长是不是没做好榜样？

有的家长自己对食物就有偏好，还会在宝宝面前讨论自己对食物的偏好。家长应该树立不偏食、不挑食的榜样，不要用言语影响宝宝对食物的偏好。要及时表扬和鼓励宝宝，强化宝宝良好的饮食行为。要理解宝宝进食的感受，给宝宝足够的时间纠正偏食挑食，对营养摄入不足的宝宝适当补充营养素增补剂。

宝宝的注意力容易被分散，如果有就餐环境过于凌乱、玩具多、看电视等干扰因素，宝宝就会表现出对进食兴趣不高、进食分心的情况。宝宝的就餐地点应该相对固定，并且去除容易引起宝宝分心的环境因素，逐渐让宝宝产生条件反射，促进食欲，让宝宝集中精力进食。

如何监测辅食添加是否合理

身长（高）和体重是反映婴儿喂养和营养状况的直观指标。疾病或喂养不当、营养不足会使婴儿生长缓慢或停滞。7~12个月婴儿每三个月监测一次身长、体重、头围发育速度，12~24个月每半年监测一次。少数特殊儿童，如早产和低出生体重儿、先天性遗传性疾病及各种严重急慢性疾病的宝宝，生长发育期曲线有其特殊性，应遵医嘱监测体格发育速度。可以选用世界卫生组织的"儿童生长曲线"判断婴儿是否得到正确、合理喂养。婴儿生长有其自身规律，过快、过慢生长都不利于儿童远期健康。婴儿生长存在个体差异，也有阶段性波动，家长不必相互攀比生长指标，只要处于正常的生长曲线轨迹，即是健康的生长状态。

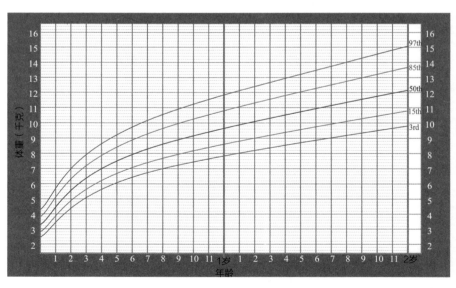

世界卫生组织 0~2 岁男童年龄 – 体重生长发育曲线（百分位数法）

（资料来源：世界卫生组织官网）

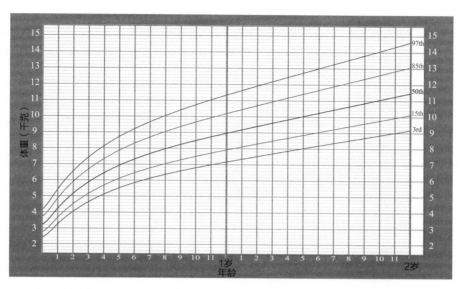

世界卫生组织 0~2 岁女童年龄－体重生长发育曲线（百分位数法）

（资料来源：世界卫生组织官网）

 如何做到吃动平衡

对宝宝来说，吃得好固然重要，但活动也是宝宝发育过程中不可或缺的重要一环。家长可以通过抚触、按摩、亲子游戏以及适度有目的的活动，如俯卧、爬、走、跳等，可进一步增加婴幼儿的活动强度，增强婴幼儿大运动、精细运动能力，并提高协调能力，增加能量消耗，促进宝宝食欲。

一般来说，7~12月龄婴儿每天俯卧位自由活动或爬行的时间应不少于30分钟，多则更好。12~24月龄幼儿每天的活动时间不少于3小时，多则更好。鼓励婴幼儿学习自己吃饭，学会生活自理，并增加日常活动。

要减少婴幼儿久坐不动的时间，将婴幼儿束缚在汽车安全座椅、婴儿车，或者背着、抱着的时间不宜过长，每次不应超过1小时。24月龄内婴幼儿除必要的与家人视频对话时间以外，应禁止看屏幕。

各类食物的营养及搭配技巧

很多家长一听说哪种食物营养丰富，就会让宝宝每天都吃。其实这是不对的。除母乳可以满足6月龄内婴儿所需的各种营养外，目前没有发现其他天然食物含有人类维持生命及生长发育的全部营养素。每种食物都有其各自的营养优势，只有多样化平衡膳食才能取长补短、优势互补。

食物总的来说可分为植物性和动物性两大类，根据营养特点又可分为五大类，包括谷薯类、蔬菜水果类、畜禽肉蛋奶类、大豆坚果类和油脂类。没有最好的食物，只有搭配合理的食物。了解各种食物的营养价值才能更好地选择食物，搭配出满足宝宝需要的平衡膳食。

（一）谷类、薯类及杂豆类

谷类食物是宝宝辅食能量的主要来源，主要包括大米、小麦、玉米、小米等；薯类包括马铃薯、甘薯、木薯等；杂豆类包括红小豆、绿豆、芸豆和花豆等。

谷类

谷类食物是碳水化合物、B族维生素的重要来源。谷类中的粗粮是相对我们平时吃的精米白面等细粮而言的，主要包括玉米、紫米、高粱、燕麦、荞麦、麦麸等。尽管粗粮富含膳食纤维，能够有效预防和缓解宝宝排便困难等问题，但是摄入过多粗粮会造成宝宝消化不良，有可能还会影响铁的吸收。因此，对于初添加辅食的宝宝，还是建议以精细谷物为主，如强化铁的米粉、稠米粥、颗粒面等。此外，发酵后的米面制品，如发糕等，口感膨松易消化，很适合宝宝食用。

谷类蛋白质含量一般在7.5%~15.0%，但其赖氨酸含量低，在宝宝多样化饮食的过程中可以利用蛋白质互补作用，提高谷类蛋白质的营养价值，例如，1岁以上的宝宝在主食选择了软米饭后，副食就可以搭配虾仁青豆、鱼蓉豆腐煲等。

宝宝都要多吃粗粮吗?

粗粮有什么营养价值?

粗粮富含膳食纤维,饮食若缺少膳食纤维,容易导致便秘发生。此外,粗粮含有丰富的B族维生素、热量密度相对精粮也偏低,有利于肥胖儿童控制体重。如红薯,每100克的热量只有120千卡左右,仅为同等重量馒头的一半。

宝宝吃多少粗粮合适?

中国营养学会对2岁以内的婴幼儿没有推荐摄入全谷类食物。宝宝添加辅食以后,最初还是建议摄入比较精细的谷类,并非一定要搭配很多粗杂粮,8个月以后可以摄入一定量的全谷类食物,但不是越多越好,而是提供的全谷类食物要合理,一般占到总谷物的1/5~1/4。例如,刚添加辅食的婴儿,建议还是摄入强化铁的婴儿米粉;8月龄后的婴儿可以摄入煮得很烂的燕麦粥、藜麦粥等,还可以吃点全谷类面条,也可以用料理机给宝宝打点杂粮糊糊,但一定注意糊糊的热量密度,不要太稀。1岁以后,可以给宝宝尝试点全麦馒头或面包(全麦可以占1/4~1/2不等),大米粥、小米粥、燕麦粥或煮得很烂的八宝粥等,2岁以上的宝宝就可以尝试杂粮蒸饭了。

所有的宝宝都要"多"吃粗粮吗?

答案是否定的。虽说粗粮有益身体健康,但是粗粮中较多的膳食纤维会增加肠胃蠕动,对于有消化不良、腹泻的宝宝要适当控制。对婴儿来说,粗粮所能提供的热量较少,且饱腹感强,摄入过多会减少总热量,影响宝宝身高和体重的增长。尤其是已经存在营养不良的宝宝,要想达到追赶体重的目的,不建议摄入过多粗粮。

粗粮好处多多,但对于生长发育快速的婴幼儿,一定要掌握好度,粗粮细粮搭配合理,才能保证宝宝健康成长。

薯类

薯类包括红薯、马铃薯、芋头、山药等，因淀粉含量高、致敏性低、口感甜糯，是辅食添加食材的良好选择。薯类也属于粗粮，其富含膳食纤维，但是相较于全谷物，其更易消化。例如肉末土豆泥、山药蛋黄泥等都是不错的搭配。但是需要提醒的是，部分薯类食用后容易胀气，故不可多吃。

杂豆类

杂豆类主要有豌豆、绿豆、红豆、豇豆等，营养素含量与谷类更接近。因杂豆类不溶性膳食纤维含量较高，小月龄的宝宝不要吃太多。杂豆类食物多被制作成各种小吃，如绿豆糕、红豆酥等。因这些小吃制作过程中往往使用大量的添加糖、油脂等，因而宝宝还是少食用。但家长可以为1岁以上的宝宝自制豆沙包、豆沙饼等。

（二）蔬菜、水果类

蔬菜和水果种类繁多，富含人体所必需的维生素、矿物质，且膳食纤维丰富，是宝宝生长发育的重要膳食来源。从初添加辅食开始，就可以让宝宝尝试各种蔬菜水果了。

蔬菜

大部分蔬菜的蛋白质、脂肪含量较低，但藕、南瓜等碳水化合物含量相对较高。添加辅食的初期可以选择容易软烂的根茎类、茄果类等蔬菜，如胡萝卜、南瓜、番茄、茄子、藕等。此外，应尽量多地让宝宝尝试不同种类的蔬菜及不同口味，以预防宝宝挑食偏食。

蔬菜是膳食纤维的主要来源，有助于促进胃肠蠕动，软化宝宝大便。蔬菜中矿物质含量丰富，如钙、磷、铁、钾、钠、镁和铜等。但是需要注意的是，蔬菜中大多含有的草酸、植酸等容易影响矿物质的吸收，辅食制作中可以通过焯水的方式去除，以提高矿物质的利用率。

蔬菜中的营养成分及含量与蔬菜的品种、鲜嫩程度等有关，所以辅食制作中，应注意选择新鲜蔬菜，注重颜色搭配，深色蔬菜可占总量的一半以上。

水果

新鲜水果的营养价值和蔬菜相似，是人体矿物质、维生素和膳食纤维的重要来源之一。新鲜水果水分充足，具有酸甜味，宝宝接受度很高。开始添加辅食的宝宝可以酌情添加水果。但是，很多家长为了让宝宝辅食吃得多一些，喜欢将水果混合在米粉、蔬菜或者肉类食物中，这是不正确的。水果的酸甜味往往会掩盖食物本身的味道，让宝宝产生错觉，导致宝宝耐受原味食物困难，不利于辅食的多样化添加。

在为宝宝准备水果类辅食时，应注意选择新鲜、应季的水果，不要选择果汁、罐头类等包装食品。此外，对于小月龄的宝宝，也应注意将水果弄碎，以防进食意外。

（三）畜禽肉及水产品

畜禽肉及水产品（鱼、虾、蟹、贝等）属于动物性食物，能为宝宝提供优质蛋白质、脂肪、矿物质和多种维生素，还可加工成各种制品和菜肴，是构成平衡膳食的重要组成部分。

畜禽肉类

畜禽肉是指猪、牛、羊、鸡、鸭等牲畜和家禽的肌肉、内脏及其制品。畜禽肉中铁含量丰富，是铁的良好来源，可以预防宝宝缺铁性贫血。畜禽肉还可提供多种维生素，其中以B族维生素和维生素A为主，尤其内脏含量较高，其中肝脏的维生素A和核黄素的含量特别丰富。《中国居民膳食指南（2022）》提示6月龄后添加辅食的婴儿应首先添加肉泥、肝泥、强化铁的婴儿谷粉等富铁的泥糊状食物。瘦肉泥、肝泥、鸡肉泥均可以作为宝宝的第一口辅食。有些父母认为宝宝吃肉容易引起上火、吃肉会伤脾胃，这其实是没有科学根据的。辅食烹调肉类可以选择里脊、鸡胸一类的瘦肉，辅食初添加阶段可以制作成肉泥、肉糜等，还可搭配蔬菜碎，制作成不同口味。随着辅食由细到粗可逐渐制作肉丁、肉丝、肉丸等。

肉类加工制品是以畜禽肉为原料，经加工而成。肉类加工制品不但营养价值降低，而且亚硝胺类或多环芳烃类物质的含量增加，不应作为辅食添加的常用食物。

各种肉类均可使用生姜、大葱等去腥，同时可搭配柠檬、番茄、洋葱、海鲜菇、香菇等食材改变和丰富肉类的味道；可以用蛋清、水淀粉等上浆，这样可以让肉吃起来更嫩；肉类可搭配富含淀粉的食物一起打泥，口感更细腻。比如猪肉搭配藕块、鸡肉搭配土豆、羊肉搭配山药等；可以把肉类和各种蔬菜混合自制成肉肠、肉丸、肉饼、肉松等。

鱼类的蛋白质属于优质蛋白质，且脂肪含量低。一些深海鱼类多含长链多不饱和脂肪酸，其中EPA、DHA可促进宝宝脑及视网膜的发育。水产品还富含碘、锌、铁、硒等。鱼类肝脏也是维生素A、维生素D的重要来源。在为宝宝制作水产类食物时，应充分去刺，可使用番茄、柠檬等天然食物搭配去腥，每周吃1~2次就能满足营养需求。

（四）蛋类及其制品

鸡蛋中蛋白质的必需氨基酸组成与人体所需要的接近，鸡蛋的营养价值是宝宝生长发育所需要的，因为方便烹调、容易接受、营养丰富，在宝宝辅食添加过程中是非常重要的角色。蛋类的脂肪、矿物质和维生素主要存在于蛋黄内，磷、钙、钾、钠、维生素A、维生素E含量较多。还含有丰富的铁、镁、锌、硒等矿物质。蛋黄中的铁含量虽然较高，但由于是非血红素铁，并与卵黄高磷蛋白结合，不容易被吸收。所以，用蛋黄补铁并不是好的选择。

（五）乳及乳制品

乳类，尤其是牛奶，是营养素齐全、容易消化吸收的一种优质食品。乳制品是以乳为原料经浓缩、发酵、调制等工艺制成的产品，如奶粉、酸奶、炼乳等。乳中的碳水化合物主要为乳糖，乳糖有调节胃酸、促进胃肠蠕动、促进钙的吸收和促进肠道乳酸杆菌繁殖的作用，对肠道健康具有重要意义，但有的宝宝因为乳糖不耐受，进食乳类后可能出现腹泻、腹胀等，可以添加乳糖酶缓解腹部不适症状。

☆ 多大的宝宝可以开始喝纯牛奶？喝多少？

美国儿科学会（AAP）建议：宝宝满1岁后，只要保证均衡的辅食（谷物、蔬菜、水果和肉类）搭配，就可以给宝宝喝纯牛奶了。

《中国居民膳食指南（2022）》指出：13~24月龄幼儿奶量应维持在500毫升左右，确无条件坚持母乳喂养的，建议以合适的配方奶作为补充，可引入少量鲜牛奶、酸奶、奶酪等，作为幼儿辅食的一部分。可以看出，宝宝1岁后就可以开始喝纯牛奶了。

☆ 怎么给宝宝挑选配方奶和纯牛奶？

母乳不足时，为了保证营养的供给，需要考虑给宝宝添加配方奶，那么如何选择配方奶呢？1岁以上的宝宝一般选择三段配方奶。其实配方奶的选择要依据宝宝的具体情况具体对待。一些特殊配方奶，比如高热量配方、深度水解配方等，更适合于一些特殊儿童，如营养不良、牛奶蛋白过敏等的宝宝，这类宝宝乳类的选择，需要咨询专业医生。

纯牛奶的选择，还是有一定技巧的。我们可以从以下几个方面挑选好牛奶：

❶ 查看配料表。一般来说，配料表越短，表示添加剂越少，我们要给宝宝买这种配料简单的牛奶。比如配料表中，只有"生牛乳"，没有任何添加剂，它就是我们需要的好牛奶。

❷ 看营养成分表。一是看蛋白质，根据国家对于牛奶中蛋白质含量规定的最低标准，纯牛奶蛋白质含量应≥2.8克/100毫升，若纯牛奶蛋白质含量＜2.8克/100毫升，则不是我们要买的牛奶。二是看碳水化合物含量，牛奶里的碳水化合物主要是乳糖，一般来说，糖成分越高，味道越甜，含量在5%左右是正常可以购买的牛奶。

总体上说，从培养宝宝健康饮食的角度，鼓励家长们多给宝宝尝试不同的食物、不同的奶类。两岁半的宝宝到底喝奶粉还是喝纯牛奶，并不需要过于纠结，只要宝宝饮食多样化，食物搭配好，吃饭好，可以遵循宝宝的口味和喜好，配方奶和纯牛奶都可以给宝宝选择。但如果宝宝营养欠佳或牛奶蛋白过敏，就需要在医生的指导下选择适合宝宝的配方奶。

（六）大豆类及其制品

大豆可分为黄、黑、青豆，豆制品是由大豆类作为原料制作的发酵或非发酵食品，如豆酱、豆浆、豆腐、豆腐干等，是膳食中优质蛋白质的重要来源。大豆蛋白属于优质蛋白质，还富含钙、铁、维生素B_2等。

豆类及其制品是辅食的良好食材，例如辅食初期的豆腐蛋黄泥、豆腐虾泥，1岁左右的婴儿可食用的豆腐焖饭、三鲜豆皮等，都是营养与美味兼得的搭配。

（七）坚果类

　　坚果是指多种富含油脂的种子类食物，如花生、瓜子、核桃、腰果、开心果等，其特点是高热量、高脂肪，所含脂肪中不饱和脂肪酸的含量较高，微量营养素含量丰富，尤其富含维生素E和硒等具有抗氧化作用的营养成分。坚果虽是宝宝健康零食的良好来源，但往往因外皮坚硬，容易发生进食呛咳，不利于宝宝食用，故家长可以将坚果制碎或将坚果配合谷物一起蒸煮食用。

2 烹饪喂养实践篇

6个月：添加富含铁的泥糊状食物，循序渐进接受辅食

宝宝满6个月后，需要在母乳喂养的基础上进行辅食添加，因为6月龄宝宝容易出现铁缺乏，所以辅食添加应该从富含铁的泥糊状食物开始。宝宝的辅食添加需要有一个适应的过程，所以要遵循由少到多、由细到粗、由稀到稠、由一种到多种、单独制作、积极喂养的原则进行辅食添加，让宝宝有个循序渐进接受辅食的过程。

6月龄宝宝身长体重标准

指标	男宝	女宝
体重（千克）	6.4~9.8	5.7~9.3
身长（厘米）	63.3~71.9	61.2~70.3

6月龄宝宝辅食特点及每天总摄入量

★辅食特点：泥糊状

★辅食餐次：1~2 次

★喝奶次数：4~6 次

类别	摄入量
奶类	800~1000毫升
谷薯杂豆类	5~20克（1~2勺含铁米粉等）
畜禽肉水产类、大豆类	10~20克（1/2~1勺肉泥）
蛋类	蛋黄1/4~1/2个
蔬菜类	10~20克（1~2勺菜泥）
水果类	10~20克（1~2勺果泥）
食用油	不加
食盐	不加

第1餐	母乳
第2餐	主餐1
第3餐	母乳
第4餐	母乳
第5餐	主餐2
第6餐	母乳

必要时夜间母乳喂养1~2次

注：鼓励母乳喂养，条件确不允许的情况下可选择配方奶。

6月龄宝宝一周食谱安排

时间	主餐1	主餐2
第1天	补铁米粉糊（见P56）	补铁米粉糊（见P56）或蛋黄米粉糊（见P60）
第2天	土豆泥（见P58）	补铁米粉糊（见P56）
第3天	补铁米粉糊（见P56）	土豆泥（见P58）或豌豆泥（见P66）
第4天	猪肉米粉糊（见P62）	补铁米粉糊（见P56）或油菜泥（见P65）
第5天	补铁米粉糊（见P56）	猪肉米粉糊（见P62）或鸡肝泥（见P64）
第6天	胡萝卜泥（见P59）	补铁米粉糊（见P56）
第7天	补铁米粉糊（见P56）	胡萝卜泥（见P59）或苹果泥（见P67）

补铁米粉糊

制作时间：10分钟
难易度：简单

🍚 主料

强化铁婴儿米粉10克

🍳 做法

1 清水烧开后，降温到40~60℃。

2 在碗中加入70毫升温水。

3 均匀地撒入米粉，沿着一个方向搅拌至没有干粉状态。

4 将米粉静置2分钟，使米粉与水更好地结合。

5 喂宝宝之前，取一些米粉在手腕上感受一下温度，温度合适后即可喂宝宝食用。

烹饪秘籍

❶ 不要用沸水冲调婴儿米粉，刚烧开的水会破坏婴儿米粉中的一些营养物质，且水太热冲米粉容易结团。

❷ 不要用矿泉水冲调婴儿米粉，矿泉水中有矿物质，长期摄入过多矿物质会增加宝宝的肾脏负担，对宝宝的身体不利。

❸ 婴儿米粉的牌子不同，吸水性也不太一样，最好参考米粉包装上的说明进行冲调。

❹ 冲调米粉时要看最终需要的状态，最初添加的米粉是能在碗中缓慢流动的状态。适应辅食之后就可以按正常比例冲调了。

🍼 营养贴士

❶ 给宝宝添加的固体食物既要简单又要保证营养。婴儿米粉可强化一些营养素，比如铁，并且冲调简单，是很好的选择。

❷ 母乳中铁的生物利用率很高，但是母乳中铁的含量很低，6个月后婴儿体内铁储存减少，而铁需求大大增加，如果不注意含铁辅食的添加，是不能满足正常铁需求的。

土豆泥

⏱ 制作时间：30分钟
🍳 难易度：简单

1. 土豆泥富含维生素C、B族维生素和钾。土豆所含的必需氨基酸较普通谷类丰富，符合人体需要。

2. 辅食要用勺子喂，让宝宝习惯用勺子吃东西。让食物堆满勺尖，把勺尖放在宝宝的上下唇之间，不要着急往里送，耐心等宝宝自己咬勺，而不是把勺子塞进宝宝的嘴里。

  烹饪秘籍

1. 土豆蒸熟之后非常软烂，使用研磨碗就可以制成土豆泥了。

2. 如果希望更细腻，就用辅食机或料理棒加少许水打成泥。

 主料
土豆50克

 做法

1 土豆洗净，削去外皮。

2 将土豆切成小块。

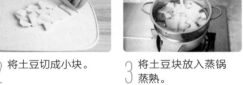

3 将土豆块放入蒸锅蒸熟。

4 取出土豆块，用研磨器制成细腻的土豆泥。

5 在土豆泥中加入适量白开水，调成合适的状态即可。

胡萝卜泥

⏱ 制作时间：30分钟
👨‍🍳 难易度：简单

营养贴士

① 胡萝卜可以作为宝宝最初的辅食食物。因为胡萝卜很容易消化，并且含有丰富的营养成分。

② 胡萝卜中的胡萝卜素含量高，它可以在体内转化为维生素A。维生素A是视神经发育、基因表达、维持免疫功能和健康的皮肤所需要的维生素。

烹饪秘籍

胡萝卜是容易有农药残留的蔬菜，最好选择没有使用农药的胡萝卜或者有机胡萝卜。

🍚 主料
胡萝卜50克

🥛 辅料
婴儿米粉5克

🍲 做法

1 胡萝卜洗净表面，削掉表皮。

2 将胡萝卜切成小块。

3 将胡萝卜块放入蒸锅蒸熟。

4 取出胡萝卜块，放入料理杯或辅食机。

5 加入婴儿米粉及适量白开水。

6 用料理棒或辅食机做成细腻的泥即可。

蛋黄米粉糊

① 制作时间：15分钟

♔ 难易度：简单

🍲 做法

1 将鸡蛋清洗干净外壳。

2 把鸡蛋放入小锅中，加入没过鸡蛋的清水，将鸡蛋煮熟。

3 捞出鸡蛋，剥壳，取出蛋黄。

4 将1/4个蛋黄用研磨碗压碎，磨成泥。

5 在研磨碗中加入少许白开水，继续研磨成细腻的蛋黄泥。

6 将蛋黄泥放入冲调好的米粉糊中拌匀即可。

烹饪秘籍

当宝宝吃过蛋黄不过敏以后，还可以用蛋黄加水果泥吃，味道又香又甜，是一种宝宝可能会喜欢的味道。

营养贴士

1 鸡蛋黄中含有丰富的维生素，还有叶黄素、卵磷脂、胆碱等营养成分。叶黄素能促进婴儿大脑和眼睛的发育。并且蛋黄中的叶黄素是很容易吸收利用的。

2 鸡蛋黄是很好的食物，但不是补铁的优选。鸡蛋含高磷蛋白，导致铁吸收率低。

猪肉米粉糊

🕐 制作时间：30分钟
🍲 难易度：简单

🍲 做法

1　猪肉去筋膜，切成小块。

2　汤锅中加入适量清水，放入猪肉块煮熟。

3　将猪肉块放入料理杯或辅食机。

4　加入少许白开水，将猪肉块搅打成细腻的猪肉泥。

5　取30毫升猪肉泥，放入冲调好的米粉糊中，拌匀即可。

烹饪秘籍

少量的肉或水分少的食物，不加水很难打成细腻的泥。添加的水分可以是白开水，也可以是母乳、配方奶、婴儿米粉糊。在确认不过敏的情况下，也可以将水果泥和肉搅打在一起。

 营养贴士

① 任何食物都可能使一些宝宝过敏。对于新添加的辅食，原则上是少量添加，观察几天，确保宝宝不过敏。

② 新鲜的肉类食材用清水煮也是很好吃的，不要按大人的口味给肉类辅食添加盐等调味剂。

鸡肝泥

 制作时间：25分钟

难易度：简单

 烹饪
秘籍

挑选鸡肝的时候要格外注意，新鲜鸡
肝的颜色是暗红色的，按压鸡肝表面
能感受到明显的弹性，且鸡肝的中间
和边缘部位都应是湿润的，闻起来有
比较浓的肉香。

主料
鸡肝150克

做法

1 鸡肝洗净后切成小丁。

2 放入烧开水的蒸锅中蒸15分钟。

3 将蒸熟的鸡肝丁放入破壁
机，加入少许温水。

4 搅打至细腻的泥状即可。

油菜泥

⏱ 制作时间：20分钟
🍲 难易度：简单

烹饪秘籍

菜的茎部膳食纤维较多，筛时会残留比较长的纤，所以在挑选时应尽量选比较嫩的油菜，或者直接用油菜心来制作。

🥘 主料
油菜100克

🍲 做法

1 油菜去根后洗净。

2 锅内加入足量的水烧开。

3 将油菜下入锅内煮1分钟。

4 将煮好的油菜捞出，沥干，碾碎，过筛成细腻的菜泥即可。

豌豆泥

 制作时间：40分钟
难易度：中等

烹饪秘籍

如果没有滤网，可用手将每颗豌豆的表皮剥下来，再放入碗中按压成泥；豌豆吃多了会引起消化不良和腹胀，所以一次不要给宝宝吃太多。

🍚 主料

豌豆（鲜）100克

🍲 做法

1 新鲜豌豆洗净，去壳，把豌豆粒剥出，洗净备用。

2 锅中放入适量清水，水滚开后放入豌豆粒。

3 用中火滚煮15分钟，等到豌豆绵软熟透后捞出沥水。

4 将豌豆放入容器中，先用勺背粗略按压，再将豌豆泥放入滤网上做二次按压。

5 再继续将剩余的豌豆按压成泥后，将残留在筛网上的豌豆壳舀出扔掉。

6 最后慢慢加适量温开水，调匀成糊状即可。

苹果泥

🕐 制作时间: 15分钟
🍳 难易度: 简单

烹饪秘籍

生吃的水果泥，制作时一定要注意各个环节的食品安全。即便是要去皮的水果，也要洗净擦干之后再进行下一步的制作。

 主料
苹果1个

🍲 做法

1 苹果洗净擦干，削去表皮。

2 将苹果切瓣，去掉苹果核。

3 继续将苹果切成小块。

4 用小料理机或辅食机将苹果块做成细腻的泥即可。

7~9个月：从颗粒感的泥状食物，过渡到碎末状食物，练习宝宝的咀嚼能力

经过1个月的辅食添加，宝宝已经逐渐适应了一些辅食的口味和质地，也具备了一定的咀嚼能力，这时候要注意锻炼宝宝的咀嚼和吞咽能力。所以，宝宝不能只吃泥糊状食物，不要再把食物用料理机等打成泥状，可以用研磨碗磨碎或用刀剁碎。当然，宝宝食物的种类要逐渐丰富起来，让宝宝适应不同口味的食物。

7~9月龄宝宝身长体重标准

月龄	7 个月		8 个月		9 个月	
性别	男宝	女宝	男宝	女宝	男宝	女宝
体重（千克）	6.7~10.3	6.0~9.8	6.9~10.7	6.3~10.2	7.1~11.0	6.5~10.5
身高（厘米）	64.8~73.5	62.7~71.9	66.2~75.0	64.0~73.5	67.5~76.5	65.3~75.0

7~9月龄宝宝辅食特点及每天总摄入量

★辅食特点：泥状、碎末状

★辅食餐次：2 次

★喝奶次数：4~6 次

类别	摄入量
奶类	700~800毫升
谷薯杂豆类	20~50克（3~8勺米糊、稠粥、烂面、带小颗粒的薯泥等）
畜禽肉水产类、大豆类	25~50克（3~4勺肉泥）
蛋类	蛋黄1个
蔬菜类	25~50克（3~5勺或1/3碗菜末、细碎菜）
水果类	25~50克（3~5勺或1/3碗果泥、水果碎）
食用油	0~10克
食盐	不加

时间	安排
7：00	母乳
10：00	母乳
12：00	各种泥糊状的辅食
15：00	母乳+各种泥糊状的辅食
18：00	各种泥糊状的辅食
21：00	母乳
夜间可能还需要母乳喂养1~2次	

7~9 月龄宝宝一周食谱安排

时间	餐次	第1天	第2天	第3天	第4天
7：00	早餐	母乳	母乳	母乳	母乳
10：00	加餐	母乳	母乳	母乳	母乳
12：00	午餐	补铁鸡肝青菜粥（见P70）	牛肉彩椒粒粒面（见P74）	胡萝卜瘦肉粥或蔬菜香菇粥（见P82）	蛋黄豆腐泥（见P83）+米粉
15：00	加餐	母乳+苹果泥	母乳+猕猴桃苹果泥	母乳+香蕉牛油果泥（见P87）	母乳+香蕉泥
18：00	晚餐	菠菜蛋黄星星意面（见P72）	菠菜蛋黄泥（见P80）+米粉	杂蔬三文鱼粗泥（见P84）+米粉	鸡肉蔬菜蝴蝶面（见P76）
21：00	加餐	母乳	母乳	母乳	母乳

时间	餐次	第5天	第6天	第7天
7：00	早餐	母乳	母乳	母乳
10：00	加餐	母乳	母乳	母乳
12：00	午餐	番茄土豆鳕鱼泥（见P86）+米粉	西葫芦鸡蛋面	黄瓜牛肉米粉糊
15：00	加餐	母乳+南瓜苹果泥	母乳+苹果胡萝卜泥	母乳+火龙果香蕉泥
18：00	晚餐	菠菜大米粥+虾末蒸蛋（见P85）	西蓝花土豆猪肉泥（见P78）+米粉	小米稠粥+胡萝卜菠菜泥蛋羹
21：00	加餐	母乳	母乳	母乳

注：鼓励母乳喂养，条件确不允许的情况下可选择配方奶。

补铁鸡肝青菜粥

🕐 制作时间：30分钟
👨‍🍳 难易度：简单

主料
鸡肝10克、西蓝花10克、圣女果10克、大米30克

辅料
姜片1克

做法

1 小汤锅加180毫升清水煮沸。

2 放入洗净的大米，煮成软糯的大米粥。

3 小锅中加入适量清水，放入鸡肝、姜片，小火煮熟。

4 取出鸡肝，碾压成鸡肝泥。

5 西蓝花洗净，放入沸水中煮软，捞出切细末。

6 圣女果放入沸水中氽烫，捞出去皮，切细末。

7 在大米粥中加入鸡肝泥、西蓝花末、圣女果末拌匀，煮1分钟即可。

烹饪秘籍

肝脏类需要多清洗一会儿才能比较好地去掉血水。

营养贴士

肝脏都有补铁、补蛋白质的效果，其中鸡肝因为口感更软嫩，宝宝的接受程度更高。

菠菜蛋黄星星意面

制作时间：25分钟

难易度：简单

菠菜20克、甜玉米粒10克、鸡蛋1个、星星意面25克

🍳 做法

1 鸡蛋放入水中煮熟，取出蛋黄备用。

2 甜玉米粒放入沸水中汆烫至熟。捞出甜玉米粒，剥去外皮。

3 将甜玉米粒、半个蛋黄放入料理机搅打成蛋黄泥。

4 菠菜洗净，放入沸水中汆烫30秒。

5 捞出菠菜，挤干水分，切成比较细的碎末。

6 小汤锅内加入适量清水烧开，放入星星意面煮熟。

7 倒掉多余的水，保留合适的水量。

8 加入菠菜碎拌匀，煮30秒后盛入餐碗中。

烹饪秘籍

如果玉米粒搅打得非常细腻，宝宝完全可以消化得了，就不需要去皮了，毕竟去皮也是一个非常费事的过程。

9 将打好的蛋黄泥淋在星星意面上即可。

营养贴士

1岁之前的宝宝拒绝吃辅食是非常普遍的现象，即便是一开始喜欢辅食的宝宝，也可能会出现一段时间不喜欢吃。只要宝宝不是身体不舒服，家长要保持淡定，或许可以试试不同的进食方式。

牛肉彩椒粒粒面

🕐 制作时间：25分钟
🍳 难易度：简单

🍚 **主料**

牛肉20克、彩椒20克、小油菜20克、粒粒面40克

🍼 **辅料**

食用油1/3茶匙、淀粉2克

🍲 **做法**

1 牛肉切成细末，加入淀粉拌匀。

2 小锅加适量清水烧开，放入牛肉末煮至软烂。

3 粒粒面放入沸水中，按照包装说明时间煮熟，捞出备用。

4 彩椒、小油菜洗净，切成碎末。

5 炒锅加入食用油，将彩椒、小油菜略微翻炒出香味。

6 接着加入炖牛肉末、牛肉汤及粒粒面，略煮至浓稠即可。

烹饪秘籍

粒粒面是宝宝主食中的一种类型，可以拌入肉泥、肉汤、菜碎等一起食用。

🍼 **营养贴士**

这个阶段可以多做些质地浓稠的食物。一是营养质量高，二是更方便宝宝自己练习吃饭。用勺子吃浓稠的食物不容易撒出来，宝宝能吃到嘴里的食物多了，更增加了自己吃饭的信心。

鸡肉蔬菜蝴蝶面

🕐 制作时间：15分钟
👨‍🍳 难易度：简单

鸡肉15克、猪肝5克、南瓜20克、西葫芦10克、小油菜10克、蝴蝶面25克

🍲 做法

1 鸡肉、猪肝清洗干净，放入水中煮至软烂。

2 西葫芦洗净，放入开水中汆烫至熟。

3 将鸡肉、猪肝、西葫芦放入料理机打成肉泥。

4 蝴蝶面放入沸水中，按照包装说明煮熟，捞出备用。

5 小油菜洗净，切成比较碎的菜末。南瓜去皮，切小粒。

6 小汤锅中加入250毫升清水，依次放入南瓜、小油菜末煮软。

7 加入蝴蝶面略煮1分钟。

8 加入鸡肉泥拌匀后即可盛出。

扫码观看视频教程

烹饪秘籍

加水的量要看宝宝需要吃哪种程度的辅食。想要汤多就多加一点水，想要浓稠的就少加一点水。

营养贴士

帮助宝宝享受食物，是让宝宝过渡到成人饮食的先决条件。宝宝的味蕾其实是有高度可塑性的。孩子越早吃多样化的饮食，就越是乐在其中，越不挑食。

西蓝花土豆猪肉泥

⏱ 制作时间：15分钟
👨‍🍳 难易度：简单

🍲 **主料**
西蓝花20克、土豆20克、猪肉30克

🍼 **辅料**
橄榄油少许

🍳 **做法**

1 土豆洗净，去皮、切成小块；西蓝花洗净，切成小朵。

2 备好煮熟的猪肉30克。

3 小锅中加适量清水，放入土豆块煮软。

4 放入西蓝花继续煮至变软。

5 将西蓝花、土豆、熟肉切成碎末状。

6 加少许煮菜水、几滴橄榄油搅拌均匀即可。

扫码观看视频教程

烹饪秘籍

给宝宝做的肉泥一次可以多做一些，分成小份放到冰箱，下次用的时候化开即可，可以节省很多时间。

营养贴士

❶ 7~8个月的宝宝处于蠕嚼期，处理食物的方式是用舌头上下活动碾碎食物，加上牙龈咀嚼，这时候的食物可以是稠粥样的泥糊状。

❷ 如果喂饭的时候宝宝想抢勺子，那就给宝宝玩吧。可以再拿一个勺子喂宝宝，这都没关系。

菠菜蛋黄泥

🕐 制作时间：25分钟
👨‍🍳 难易度：简单

菠菜50克、鸡蛋1个

🍲 做法

1 鸡蛋洗净外壳，放入能没过鸡蛋的开水中煮7分钟后关火，盖上锅盖闷3分钟。

2 将煮好的鸡蛋泡入冷水中冷却，剥皮待用。

3 菠菜去根，洗净并沥干。

4 锅里加入足量的水烧开，下入菠菜煮1分钟后捞出。

5 将煮好的菠菜用勺子碾碎或剁碎成细碎的菠菜末待用。

6 剥皮的鸡蛋对半切开，取出蛋黄，蛋白留作他用。

7 用汤匙将蛋黄压成泥。

8 将菠菜泥加入蛋黄泥中，拌匀即可。

烹饪秘籍

挑选菠菜时，要选择鲜嫩的，红色根部短小，茎部结实，叶片边缘整齐、大且肥厚的菠菜比较好。

营养贴士

菠菜富含类胡萝卜素、维生素C、维生素K及钙、铁等矿物质，烫过后口感爽滑，易于宝宝吞咽。

蔬菜香菇粥

🕐 制作时间：40分钟
👨‍🍳 难易度：简单

营养贴士

香菇自带香味，加上口感软滑，适合小宝宝食用。香菇加上蔬菜，一结合，这粥的味道更丰富了，好吃又不腻。香菇富含维生素D，可以促进钙的吸收，预防佝偻病的发生。

烹饪秘籍

① 可用干香菇代替鲜香菇。
② 青菜不宜煮得太久，以免变色。

🍚 **主料**
大米40克

🧴 **辅料**
新鲜香菇15克、菜心25克、核桃油2滴

🍲 **做法**

1 将大米浸泡20分钟，洗净，放入电饭锅，加适量清水，调至煮粥模式。

2 香菇、菜心洗净，分别焯水，切碎。

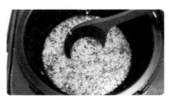

3 等粥煮好后，倒入香菇和菜心搅拌均匀，煮沸片刻即可。

4 盛出，滴2滴核桃油即可。

蛋黄豆腐泥

制作时间：20分钟
难易度：中等

营养贴士

圆圆的蛋黄像小太阳，富含多种营养素。软软的白豆腐含钙量不少，对宝宝的牙齿、骨骼的生长发育也很有益。

烹饪秘籍

可以选择细滑的日本豆腐，建议少量食用，以免引起肠胃不适。

 主料
豆腐50克、
蛋黄1/2个

 做法

1 豆腐洗净后放入小碗中，先用勺子碾成豆腐泥。

2 豆腐泥中加少许水搅匀，放入蒸锅中，大火蒸10分钟。

3 鸡蛋蛋黄、蛋清分离后，取蛋黄液并搅匀。

4 在豆腐泥出蒸锅前5分钟，加入搅拌好的蛋黄液蒸熟即可。

杂蔬三文鱼粗泥

 制作时间：30分钟

难易度：简单

营养贴士

随着宝宝渐渐适应了辅食，可以制作一些口感略微粗糙的辅食，培养宝宝的味觉，帮助宝宝由液体食物向固体食物过渡。

烹饪秘籍

① 毛豆需要煮久一点才能软烂。
② 吃不完的三文鱼泥放入小辅食盒中，冷冻保存。

主料

三文鱼30克、西蓝花10克、西芹10克、毛豆10克

辅料

橄榄油少许

做法

1 西蓝花切小块，西芹切细末，三文鱼切小块。

2 三文鱼放入蒸锅蒸熟备用。

3 小汤锅中加入适量清水，放入毛豆煮至软烂。

4 接着加入西蓝花、西芹煮至软烂。

5 将所有食材研磨烂或剁碎，加入少许橄榄油即可。

虾末蒸蛋

🕐 制作时间：40分钟
难易度：简单

营养贴士

1. 给宝宝食用时一定要注意蛋的温度，千万不能将刚出锅的蛋喂给宝宝。
2. 虾仁尽量剁得细一些，这样方便宝宝吞咽和消化。

烹饪秘籍

虾的营养价值十分高，含有丰富的优质蛋白质，而且味道鲜美，不用过多调味，就可以让宝宝很爱吃。虾末蒸蛋不仅含有丰富的蛋白质和多种微量元素，也很容易被宝宝的肠胃吸收。

主料

鸡蛋1个、虾2只、杏鲍菇30克

辅料

小葱1根

做法

1 将鸡蛋打入碗中，均匀搅散。

2 杏鲍菇洗净，切成末。

3 葱洗净后切成葱末。

4 虾洗净后去头、去壳，去掉虾线后剁成末。

5 将所有食材放入装鸡蛋的碗中搅拌均匀。

6 将小碗再放入蒸锅，覆盖高温保鲜膜，上面扎几个小孔，大火烧开后改小火慢蒸约20分钟后，出锅即可。

番茄土豆鳕鱼泥

制作时间：25分钟
难易度：简单

 营养贴士

在食材种类比较多的时候，要确保大部分食材是宝宝已经吃过并且不过敏的食材。一旦宝宝出现过敏状况时就比较容易查出是哪种食材导致了过敏。如果父母对海鲜过敏，则给宝宝添加海鲜时就更要注意观察。

 烹饪秘籍

鳕鱼蒸熟后，仔细检查是否有鱼刺，要注意宝宝的饮食安全。

主料
鳕鱼20克、番茄20克、土豆20克

辅料
橄榄油少许

做法

1 番茄洗净，用开水汆烫后去皮，切成小粒。

2 土豆洗净、去皮，切成小粒。

3 鳕鱼切成小粒。

4 将番茄、土豆、鳕鱼放入小碗中蒸熟。

5 将蒸熟的食材放入料理机中搅打成泥，加入几滴橄榄油即可。

营养贴士

① 经历了早期的辅食添加之后，宝宝完全适应的食物种类越来越多，把几种已经完全适应的食物混合吃相对更有优势，可以给宝宝提供更加均衡全面的营养，提高进食的效率和质量。

② 所有这些组合的果泥、菜泥、肉泥依然可以与婴儿米粉拌习混合之后喂给宝宝。

③ 大一点的宝宝可以用研磨碗制作成有颗粒感的泥来吃。

烹饪秘籍

香蕉、牛油果易氧化变色，做成果泥之后需尽快食用。

香蕉牛油果泥

🕐 制作时间：10分钟
🍽 难易度：简单

 主料
香蕉20克、牛油果20克

🍲 做法

1 香蕉洗净、擦干，剥去外皮。

2 牛油果洗净、擦干，沿果核对半切开，去核，取出果肉。

3 取适量香蕉、牛油果放入研磨碗中。

4 将香蕉、牛油果研磨成细腻的果泥即可。

10~12 个月：给宝宝添加碎块状食物，增加食物种类，辅食量逐渐增大

经过前期的辅食添加过程，宝宝吃的食物种类也越来越多，食量也比以前大了。这个时期的宝宝，食物质地比以前可以再粗糙一些，可以是碎丁状或者碎块状。也可以尝试锻炼宝宝自我进食的能力，比如可以将水果切成小片状让宝宝自己拿着吃，或者碎块状的辅食也可以让宝宝拿着自己吃，锻炼小手的灵活性。

10~12 月龄宝宝身长体重标准

月龄	10 个月		11 个月		12 个月	
性别	男宝	女宝	男宝	女宝	男宝	女宝
体重（千克）	7.4~11.4	6.7~10.9	7.6~11.7	6.9~11.2	7.7~12.0	7.0~11.5
身高（厘米）	68.7~77.9	66.5~76.4	69.9~79.2	67.7~77.8	71.0~80.5	68.9~79.2

10~12 月龄宝宝辅食特点及每天总摄入量

★ 辅食特点：碎块状、指状

★ 辅食餐次：2~3 次

★ 喝奶次数：4 次

类别	摄入量
奶类	600~700毫升
谷薯杂豆类	20~75克（1/2~3/4碗米饭、碎面、颗粒面、小馒头等）
畜禽肉水产类、大豆类	25~75克（3~6勺肉丁、肉丝、鱼、虾、豆腐）
蛋类	逐渐全蛋1个
蔬菜类	25~100克（5~10勺或1/2碗菜丁）
水果类	25~100克（5~10勺果粒或1/2碗小水果块）
食用油	5~10克
食盐	不加

时间	安排
7：00	母乳+各种颗粒状或小块状辅食
10：00	母乳
12：00	各种颗粒状或小块状辅食
15：00	母乳+各种颗粒状或小块状辅食
18：00	各种颗粒状或小块状辅食
21：00	母乳
夜间可能还需要母乳喂养1次，逐渐停夜奶	

10~12 月龄宝宝一周食谱安排

时间	餐次	第1天	第2天	第3天	第4天
7：00	早餐	母乳+ 香蕉鸡蛋饼	母乳+小米发糕	母乳+ 奶香蛋黄小饼干	母乳+芋头蛋卷
10：00	加餐	母乳	母乳	母乳	母乳
12：00	午餐	芦笋鳕鱼碎碎面 （见P93）	翡翠鲜虾疙瘩汤 （见P92）	青菜鸡蛋烂面片 （见P94）	番茄土豆瘦肉羹 （见P95）
15：00	加餐	母乳+苹果块	母乳+香蕉块	母乳+火龙果块	母乳+芒果片+ 酸奶小溶豆
18：00	晚餐	鸡肉西蓝花面条 （见P96）	时蔬豆腐羹 （见P98）	蒸鱼饼 （见P102）+ 芝麻青笋	燕麦菠菜鱼丸 （见P106）+ 烂面条
21：00	加餐	母乳	母乳	母乳	母乳

时间	餐次	第5天	第6天	第7天
7：00	早餐	母乳+山药菠菜鸡蛋糕	母乳+南瓜发糕	母乳+小米南瓜粥+ 水煮蛋
10：00	加餐	母乳	母乳	母乳
12：00	午餐	宝宝番茄牛肉意面 （见P90）	鲜虾豆腐饼 （见P100）+蔬菜粥	白玉肉丸面疙瘩 （见P105）
15：00	加餐	母乳+苹果泥+土豆块	母乳+牛油果片	母乳+草莓块
18：00	晚餐	清烧虾仁西蓝花 （见P104）+小米南瓜粥	鸡丝菠菜蛋面	肉末青菜番茄面片
21：00	加餐	母乳	母乳	母乳

注：鼓励母乳喂养，条件确不允许的情况下可选择配方奶。

宝宝
番茄牛肉意面

制作时间：90分钟
难易度：简单

主料

番茄50克、牛肉40克、胡萝卜30克、洋葱10克、婴儿意面50克

辅料

食用油1/2茶匙、牛肉高汤400毫升

烹饪秘籍

尽量选择比较熟的番茄，番茄的味道浓郁，做出来的酱也会比较好吃。取出要食用的量，剩余的酱汁密封冷冻保存。

做法

1 番茄放入开水锅中汆烫一下，去皮，切成小粒。

2 牛肉切粒，放入开水锅中汆烫出血水。

3 胡萝卜洗净、切粒，洋葱洗净、切末。

4 炒锅中加入食用油烧热，放入洋葱、胡萝卜煸炒出香气。

5 放入番茄粒炒至番茄软烂出汤。

6 加入牛肉粒、牛肉高汤，烧开以后转小火，盖盖煮1小时。

7 盛出牛肉粒和适量汤汁，放入料理机搅拌成肉泥。

8 将肉泥倒回炒锅中，搅拌均匀，继续煮2分钟。

9 将婴儿意面按照包装说明时间煮熟。

10 捞出意面装盘，淋上适量番茄牛肉酱即可。

扫码观看视频教程

营养贴士

需要炖煮时间比较长的辅食，一次多做一些，分批冷冻在冰箱里。吃的时候拿出来热透，再搭主食、蔬菜、水果等，新手爸妈也能从容应对宝宝的一餐辅食。

翡翠鲜虾疙瘩汤

制作时间：25分钟
难易度：简单

营养贴士

10个月以后，宝宝的味觉发育更加完善，开始好奇大人的饮食和各种味道，在辅食中加入带有鲜味的食物能使宝宝的辅食味道更丰富。

烹饪秘籍

① 面糊不能太稀，稠度为放在漏勺上也不会滴落的程度。

② 如果没有合适的漏勺，就将面糊装在裱花袋或者保鲜袋里挤入锅中。

扫码观看视频教程

主料

虾仁20克、西蓝花15克、面粉30克

做法

1 虾仁挑去虾线，西蓝花洗净、去梗。

2 小汤锅加水煮沸，放入虾仁、西蓝花煮熟，捞出备用。

3 将虾仁、西蓝花切成细末。

4 碗中放入面粉、虾末、西蓝花末，加2汤匙清水拌匀成面糊。

5 小汤锅中重新加适量清水烧开，将面糊倒在大孔漏勺上。

6 用一个勺子转动按压面糊，使面糊滴落入锅中。

7 面糊全部滴完后，等水沸腾，转小火煮2分钟即可。

营养贴士

鱼类富含DHA，对宝宝大脑的发育格外有好处，让宝宝越来越聪明灵活。

烹饪秘籍

鱼类食物制作之前要仔细检查一遍，确保没有鱼刺。

芦笋鳕鱼碎碎面

⏱ 制作时间：25分钟
🍲 难易度：简单

 主料
鳕鱼30克、芦笋20克、鲜香菇10克、碎碎面50克

 辅料
食用油1/2茶匙、柠檬皮5克

 做法

1 鳕鱼切粒，加入柠檬皮，放入冰箱冷藏腌制20分钟。

2 将芦笋洗净、去老根，切成薄片；香菇洗净、切细末。

3 炒锅中加食用油烧热，放入鳕鱼粒煎香。

4 放入香菇末炒出香味。

5 加入适量清水烧开，放入碎碎面、芦笋煮熟即可。

青菜鸡蛋烂面片

⏱ 制作时间：25分钟
👨‍🍳 难易度：简单

烹饪秘籍

馄饨皮软硬合适，扯大变薄之后更软烂适口。

扫码观看视频教程

 主料
小白菜20克、嫩豆腐20克、鸡蛋1/2个、馄饨皮40克

 辅料
香油1毫升、清鸡汤300毫升

 做法

1 小白菜洗净、切末，嫩豆腐切小粒，鸡蛋打散备用。

2 馄饨皮撕扯成适口的小块。

3 小锅中加入清鸡汤煮开。

4 放入豆腐、馄饨皮煮熟。

5 加入小白菜末煮软。

6 淋入蛋液煮至凝固。

7 起锅前滴入香油即可。

番茄土豆瘦肉羹

制作时间：60分钟

难易度：简单

营养贴士

番茄含有丰富的维生素C和番茄红素，对保护宝宝皮肤和心脏有好处。土豆软软绵绵的，可以促进宝宝消化。

烹饪秘籍

这道荤素搭配的辅食可以让宝宝摄取更丰富的营养素，而且容易消化吸收。

扫码观看视频教程

主料

番茄1个、土豆1个（中等大小）、猪瘦肉50克

做法

1 将土豆洗净，去皮、切成薄片。

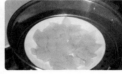

2 将土豆放入蒸锅，大火蒸20分钟至熟，用勺子压成土豆泥备用。

3 将番茄洗净，表面用刀划十字，再用沸水烫表面，去皮后切碎。

4 猪瘦肉洗净后，剁成肉末。

5 将番茄碎、土豆泥、瘦肉末放入小碗中，搅拌均匀。

6 再将番茄土豆瘦肉放入蒸锅中，冷水上锅，大火蒸15~20分钟，至完全蒸熟即可。

鸡肉西蓝花面条

🕐 制作时间：15分钟
🍽 难易度：简单

主料

鸡胸肉50克、西蓝花40克、儿童面条50克

 做法

1 西蓝花洗净后掰成小朵，放入沸水中煮2分钟后捞出，放入冷水中冷却。

2 将冷却的西蓝花切成碎末待用。

3 鸡胸肉洗净，切成薄片，放入沸水中煮1分钟后捞出。

4 将煮过的鸡肉沿着纹理撕成细丝。

5 将鸡肉丝切成肉末。

6 锅内加入足量的水，烧开后下入儿童面条，煮两三分钟后倒掉多余的水，在锅内留下没过面条的水。

7 下入西蓝花末和鸡肉末，再煮一两分钟并拌匀即可。

扫码观看视频教程

烹饪秘籍

①尽量选择细面条，如果面条太长，可以在煮之前剪成长短合适的段，煮好的面条一定要非常软烂才能给宝宝喂食。

②西蓝花清洗前可以用淡盐水浸泡，可以有效驱除花心里的虫子。

③尽量取西蓝花的花球部分，将比较硬的花茎都去除，这样更利于宝宝吞咽。

营养贴士

西蓝花富含维生素C，营养成分比较全面，口感比普通的白色菜花要好很多，再加上烹调后仍能保持鲜亮的绿色，能够成为餐桌上一道漂亮的风景。

时蔬豆腐羹

🕐 制作时间：30分钟
👨‍🍳 难易度：简单

内酯豆腐150克、鸡蛋1个、胡萝卜20克、青椒20克

🍲 做法

1 内酯豆腐用勺子压成泥状。

2 胡萝卜、青椒洗净后切成小丁。

3 鸡蛋磕入碗中，打散成均匀的蛋液。

4 将胡萝卜丁、青椒丁、蛋液加入豆腐泥中，搅拌成均匀的豆腐蛋糊。

5 蒸锅烧开，调成小火，放入豆腐蛋羹，蒸15~20分钟即可。

扫码观看视频教程

烹饪秘籍

豆腐有南豆腐、北豆腐之分，也就是人们常说的嫩豆腐、老豆腐。随着点卤工艺的改进，如今还可以买到口感更细嫩的内酯豆腐。内酯豆腐的含水量比普通豆腐多出近1倍，也更适合给低龄的宝宝做辅食。

营养贴士

豆腐富含植物蛋白及钙质，但豆类中的蛋白质为异体蛋白，属于容易引起宝宝过敏的食物，所以添加后要观察宝宝是否有过敏的症状。

鲜虾豆腐饼

🕐 制作时间：30分钟
👨‍🍳 难易度：简单

主料
老豆腐80克、虾仁20克、胡萝卜10克、生菜叶10克、
鸡蛋1/2个、面粉20克

辅料
食用油1茶匙

做法

1 胡萝卜去皮、切片，虾仁去虾线。

2 小锅中加清水烧开，放入生菜焯30秒，捞出控水备用。

3 依次放入胡萝卜片、虾仁、豆腐烫熟，捞出控水备用。

4 将胡萝卜切成末，虾仁切碎，生菜切碎。

5 豆腐放入碗中压成豆腐泥。

6 在碗中加入胡萝卜、虾仁、生菜、鸡蛋、面粉拌匀。

7 将鲜虾豆腐泥用勺子团成乒乓球大小的球。

8 不粘锅加入食用油烧热，放入鲜虾豆腐球。

9 稍微压平表面，煎至两面金黄即可。

烹饪秘籍

推荐选老豆腐，含水量少，比较容易捏成丸子，且补钙效果更好。

营养贴士

钙是人体必需的营养元素，它与骨骼的健康密切相关，在构建、维持骨骼结构与强度中发挥着重要的作用。

蒸鱼饼

制作时间：30分钟
难易度：中等

🍚 **主料**

龙利鱼肉200克

🍼 **辅料**

色拉油10毫升、姜适量、料酒10克、淀粉15克、鸡蛋清1个

🍲 **做法**

1 将龙利鱼肉洗净，仔细检查有没有鱼刺残留，再切成小丁。

2 生姜洗净去皮，切成末；鸡蛋蛋黄和蛋清分离。

3 将鱼丁放入料理机中，加入一个蛋清，少量姜末，搅打成鱼泥。

4 将打好的鱼泥倒入容器中，加入淀粉、料酒、清水（约60毫升）、色拉油，用打蛋器低速搅打上劲。

5 取一小碗，将打好的鱼泥取适量装入碗中。

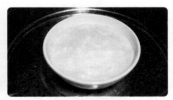

6 蒸锅加水大火烧开后将鱼泥放入蒸锅中，大火蒸20~25分钟即可。

扫码观看视频教程

烹饪秘籍

龙利鱼虽然刺少，但还是要仔细检查鱼肉中有无刺，防止宝宝被鱼刺卡住。做此菜也可以选择其他刺较少或容易剔除鱼刺的鱼。

营养贴士

鱼肉作为白肉的一种，比猪肉、牛肉、羊肉等红肉含有更高的营养价值。低脂高蛋白，而且利于健脑。

清烧虾仁西蓝花

🕐 制作时间：60分钟
🍴 难易度：简单

烹饪秘籍

如果宝宝吃蛋清过敏，则不要使用蛋清腌制虾仁；虾仁在腌制时，可以用手轻轻抓揉，揉出虾仁中的多余水分，令虾仁口感更佳。

扫码观看视频教程

🍲 主料
虾仁40克、西蓝花100克、鸡蛋清1个

🍶 辅料
橄榄油1茶匙、淀粉少许

🍲 做法

1 鸡蛋磕入碗中，将鸡蛋黄与蛋清分离。

2 虾仁洗净后，放入小碗中，加少许淀粉、蛋清拌匀，腌制10分钟。

3 西蓝花在清水下冲洗干净，掰成小朵，再放入面粉水中浸泡20分钟，捞出冲洗干净。

4 炒锅烧热后，加入橄榄油加热，下虾仁迅速翻炒。

5 再将西蓝花放入锅中炒1分钟。

6 将大约50毫升清水加入锅中，炒至西蓝花软熟后即可关火。

扫码观看视频教程

白玉肉丸面疙瘩

🕐 制作时间：25分钟
难易度：简单

主料
猪肉末50克、老豆腐30克、鸡 蛋1/2个、小白菜30克、中筋面粉50克

辅料
淀粉1茶匙

做法

1 面粉加2汤匙清水和成面团，覆盖保鲜膜醒15分钟。

2 小白菜洗净，切碎备用。

3 将猪肉末、老豆腐、鸡蛋、淀粉放入料理机搅打成泥，盛出备用。

4 将面团揉匀，搓成长条，切粒，用拇指按压成面疙瘩片。

5 汤锅加清水烧开，放入面疙瘩片煮熟。

6 将豆腐肉泥制成小丸子下入锅中，煮至浮起，继续煮3分钟。

7 放入小白菜碎再煮30秒即可。

105

燕麦菠菜鱼丸

⏱ 制作时间：40分钟

👨‍🍳 难易度：简单

主料
龙利鱼肉150克、速食燕麦片50克、菠菜50克

辅料
鸡蛋1个、淀粉1汤匙、料酒少许、葱花少许

做法

1 龙利鱼洗净，沥干。

2 用刀将鱼肉剁成细腻的肉蓉。

3 菠菜洗净，去根后焯30秒，至菠菜变软后捞出，沥干。

4 将冷却的菠菜切成细末。

5 将菠菜末、燕麦片加入鱼肉泥中，打入鸡蛋，加入淀粉、料酒。

6 用手将鱼肉泥抓匀，用筷子顺着一个方向搅拌至肉泥上劲，呈有黏性的状态。

7 在手掌里放适量肉泥，用虎口挤出大小合适的肉丸。

8 水烧至八成开后将火调小，下入肉丸，注意水不要烧开，将全部肉丸下锅后，大火煮开至肉丸全部浮起，捞出，撒葱花即可。

扫码观看视频教程

烹饪秘籍

鱼肉搅动成有黏性的状态是个技术活，不要在肉泥里面乱搅动，一定要顺着一个方向比如顺时针或逆时针搅动。

 营养贴士

1岁以上的宝宝已经长出了磨牙，这时的辅食不用再过分追求精细，应准备一些形状各异的食物，在锻炼宝宝抓握能力的同时，也是对咀嚼能力的很好锻炼。燕麦片和菠菜末增加了膳食纤维，对促进消化也有积极作用。

13~18 个月：食物种类要多样，锻炼自主进食能力

这个时期的宝宝，各种能力都有了一定的提升，逐渐会走、会说。尤其在吃饭方面，也具备了一定的自主进食的能力，有些宝宝会拿着勺子想自主进食，虽然弄得满身满脸都是，但依然热情满满地想要自己吃。这时候，家长们要注意保护宝宝这种主动进食的意识，做辅食的时候一定要多样化，在食物的颜色、造型上多下下功夫。对于不太会自己吃的宝宝，家长可以用夸张的姿势给宝宝做好示范，让宝宝看清楚，这也是锻炼宝宝手眼协调很关键的步骤。在宝宝刚自己学吃饭的时候，家长一定要有耐心，不要在吃饭上越俎代庖哦。

13~18 月龄宝宝身长体重标准

月龄	13 个月		14 个月		15 个月	
性别	男宝	女宝	男宝	女宝	男宝	女宝
体重（千克）	7.9~12.3	7.2~11.8	8.1~12.6	7.4~12.1	8.3~12.8	7.6~12.4
身高（厘米）	72.1~81.8	70.0~80.5	73.1~83.0	71.0~81.7	74.1~84.2	72.0~83.0
月龄	16 个月		17 个月		18 个月	
性别	男宝	女宝	男宝	女宝	男宝	女宝
体重（千克）	8.4~13.1	7.7~12.6	8.6~13.4	7.9~12.9	8.8~13.7	8.1~13.2
身高（厘米）	75.0~85.4	73.0~84.2	76.0~86.5	74.0~85.4	76.9~87.7	74.9~86.5

13~18 月龄宝宝辅食特点及每天总摄入量

★辅食特点：条块、球块状

★辅食餐次：3 次

★喝奶次数：2~3 次

类别	摄入量	类别	摄入量
奶类	400~600毫升	蔬菜类	50~150克 （5~15勺或1/2~2/3碗菜条、菜块）
谷薯杂豆类	50~100克 （3/4碗~1碗多）	水果类	50~150克（1/2~2/3碗水果丁、水果块或3~9根手指粗细和长度的水果条）
畜禽肉水产类、大豆类	50~75克（6~8勺肉丝、肉块、鱼、虾、豆腐等）	食用油	5~15克（1/2~1$\frac{1}{2}$勺）
蛋类	全蛋1个	食盐	0~1.5克

13~18 月龄宝宝一日饮食安排

时间	安排
7：00	各种颗粒状或小块状辅食
10：00	母乳+各种颗粒状或小块状辅食
12：00	各种条块或球块状辅食
15：00	母乳+各种颗粒状或小块状辅食
18：00	各种条块或球块状辅食
21：00	母乳
	停夜奶

13~18 月龄宝宝一周食谱安排

时间	餐次	第 1 天	第 2 天	第 3 天	第 4 天
7：00	早餐	杂粮粥+蛋卷	小米发糕+蒸蛋羹	香蕉牛油果鸡蛋饼	紫薯山药糕（见P116）+蒸蛋羹
10：00	加餐	母乳+香蕉块	母乳+火龙果块	母乳+苹果片	母乳+猕猴桃片
12：00	午餐	青菜香菇牛肉烩饭（见P121）	南瓜拌饭（见P112）+胡萝卜牛肉汤（见P124）	香菇土豆炖鸡肉（见P123）+软饭	猪肝丝瓜粥+白萝卜时蔬虾肉丸（见P126）
15：00	加餐	母乳+蒸紫薯块	母乳+奶香蛋黄小饼干	母乳+山药条	母乳+奶溶豆
18：00	晚餐	一口小馄饨（见P114）	豌豆肉末软饭（见P118）	虾滑小米粥（见P110）+清蒸香菇冬瓜（见P119）	排骨小白菜面
21：00	加餐	母乳	母乳	母乳	母乳

时间	餐次	第 5 天	第 6 天	第 7 天
7：00	早餐	胡萝卜青菜粥+山药鳕鱼饼（见P120）	燕麦粥+山药猪肉肠或宝宝虾肉肠（见P122）	鸡蛋黄瓜银鱼饼
10：00	加餐	母乳+草莓片	母乳+橙子块	母乳+葡萄
12：00	午餐	豆角猪肝焖饭	鸡肉芦笋小饺子	茄子肉末意面
15：00	加餐	母乳+小豆干条	母乳+香蕉饼	母乳+小米土豆饼
18：00	晚餐	蝴蝶面+虾蔬菜鸡蛋卷	颗粒面+菜心猪肉丸子	虾仁玉米青豆菠萝饭
21：00	加餐	母乳	母乳	母乳

注：鼓励母乳喂养，条件确不允许的情况下可选择配方奶。

虾滑小米粥

🕐 制作时间：60分钟
👨‍🍳 难易度：简单

主料
青虾100克、小米50克

辅料
胡萝卜30克、芹菜20克、鸡蛋清适量、盐适量、姜汁少许、料酒适量、香油适量、淀粉20克、葱段适量、姜片适量、胡椒粉适量

做法

1 将虾洗净去掉头尾、虾壳、虾线，然后剁成泥放入大碗中，剁得可以不用太细。胡萝卜、芹菜梗洗净，切成碎丁备用。

2 姜汁放入虾泥中去腥，再放入少许料酒和蛋清，顺着一个方向搅打均匀。

3 虾泥中再放入少许盐和淀粉，继续顺着原来的方向搅打均匀。

4 将搅打好的虾泥放入保鲜袋中，将保鲜袋的一个角剪一个开口。

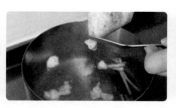

5 锅中放入清水和葱段、姜片，再放1茶匙料酒，烧开改小火，挤出大小适中的虾泥入锅，开中火，煮开即可关火捞出。

6 将小米淘干净放入锅中，再加水，大火烧开，小火煮40分钟到米软烂。

7 将切成小碎丁的胡萝卜和芹菜放入小米粥中搅匀。

烹饪秘籍

虾滑可以一次多做一些放入保鲜盒冷冻，可以用来煮粥、做菜、做汤、做羹等，特别适合工作忙、家里又有宝宝的家长。
姜汁的制作：把生姜切成末，再用纱布包好用力挤出姜汁即可。

扫码观看视频教程

8 放入虾滑，然后放入少许胡椒粉调味，煮开，最后放少许香油搅匀即可。

营养贴士

给牙牙学语的宝宝吃什么才能面面俱到，既营养又美味，那自然是虾滑小米粥。营养自不必说，味道鲜美，关键虾滑做起来也不复杂，还算省时省力，真是妈妈们的贴心好帮手。

南瓜拌饭

🕐 制作时间：60分钟
👨‍🍳 难易度：简单

🍲 **主料**

南瓜50克、大米50克、娃娃菜30克

🍳 **做法**

1 将大米洗净后在清水中浸泡30分钟。

2 南瓜去皮、去瓤，洗净后切成片，再切成小粒。

3 娃娃菜洗净，切碎备用。

4 将大米放入电饭锅中，按照指示加入清水，水量大约100毫升，按下煮饭键。

5 等到锅中有热气冒出时，放入南瓜和娃娃菜。

6 饭菜煮熟后，打开锅盖，用饭铲拌匀即可。

扫码观看视频教程

烹饪秘籍

这个拌饭的做法非常简单，可以说不需要任何烹饪技巧。妈妈还可以根据实际需求，在饭中加入胡萝卜等食材，令营养更加丰富。

🍼 **营养贴士**

南瓜甜甜的，含有一种特有的南瓜多糖，可以提高宝宝自身的免疫功能，提升宝宝对外界病毒的抵抗力。

一口小馄饨

🕐 制作时间：30分钟
😊 难易度：简单

🍲 **做法**

1 虾仁洗净、挑去虾线。

2 胡萝卜洗净、去皮、切成小粒，蒸熟备用。

3 将虾仁、胡萝卜放入料理机搅打成泥。

4 将搅打好的虾肉胡萝卜泥倒入碗中，加入面粉拌匀。

5 将每个馄饨皮分切成4个小馄饨皮。

6 在小馄饨皮中心放入少许虾肉胡萝卜泥，包成小馄饨。

7 小锅加适量清鸡汤烧开。

8 放入小馄饨煮熟即可。

扫码观看视频教程

烹饪秘籍

吃不完的小馄饨放入保鲜盒，密封冷冻保存。

🍼 **营养贴士**

宝宝吃饭的特点就是注意力时间短，一次吃不了多少，对于小宝宝来说，少量多餐是非常合适的方式。

紫薯山药糕

⏱ 制作时间：3小时
👨‍🍳 难易度：简单

116

主料

紫薯100克、怀山药150克

做法

1 紫薯洗净后去皮、切片。

2 山药洗净后去皮、切片。

3 将紫薯片和山药片分别码放在容器里，放入烧开的锅内蒸25~30分钟。

4 将蒸熟的紫薯和山药分别用勺子碾碎后过筛成细腻的泥状。

5 将紫薯泥和山药泥随意地揉在一起，形成随机的彩色纹路。

6 找一个干净的方形饭盒，将混合好的紫薯山药泥铺到饭盒里，压实，放置定形。

7 定形后轻轻倒扣取出，切成2厘米见方的小块即可。

扫码观看视频教程

烹饪秘籍

① 为了防粘，可以在饭盒内壁上薄薄地抹一层植物油，这样会更方便脱模。

② 也可以将山药和紫薯分别铺入饭盒内，做成上下两种颜色的糕体。

③ 在天热时，切好的糕体可以放冰箱冷藏，吃之前提前拿出，回温到室温后给宝宝食用。冬天可用微波炉热一下再给宝宝吃，以免引起宝宝肠胃不适。

营养贴士

山药和紫薯中富含淀粉和膳食纤维，两者搭配在一起既能提供能量，也能有效促进消化，帮助宝宝通便。

豌豆肉末软饭

🕐 制作时间：50分钟
🍲 难易度：简单

 营养贴士

豌豆内铜、铬等矿物质元素含量较多，对骨骼的发育有积极的作用，日常食用时采取蒸、煮的方式最能保留其营养。

 烹饪秘籍

整粒豌豆对宝宝来说还是有些大，但也不要切得太细碎，太细碎不利于训练宝宝的咀嚼能力。

扫码观看视频教程

🍚 **主料**

猪肉末50克、豌豆20克、大米60克

🍲 **做法**

1 豌豆洗净，放入料理机切碎。

2 大米洗净，放入碗内，加入2倍于大米用量的水。

3 加入猪肉末和豌豆碎，用筷子搅拌均匀。

4 放入烧开的蒸锅中，蒸40分钟。

5 将蒸好的软饭用勺子拌匀即可，可用薄荷叶点缀。

清蒸香菇冬瓜

制作时间：20分钟
难易度：简单

营养贴士

冬瓜含有的钠元素比较少，可以减轻宝宝肾脏的压力，冬瓜不含脂肪，但是有很多膳食纤维，能减少肠胃压力，促进消化。

烹饪秘籍

这道菜非常适合小宝宝吃，清淡营养，也容易咀嚼，葱花、酱油或香油可根据喜好增减，但注意酱油要少许，不要摄入过多的钠。

扫码观看视频教程

 主料

冬瓜200克、香菇1个、猪里脊肉50克、葱姜水2茶匙

 辅料

香油适量、酱油少许、葱花适量

 做法

1 冬瓜洗净，去皮、去瓤，切均匀薄片摆盘，香菇洗净、切末备用。

2 猪肉洗净切成肉末，加入葱姜水、酱油、葱花搅匀。

3 将切好的香菇末和猪肉馅放在摆好盘的冬瓜上。

4 蒸锅中加入清水，大火烧开，将冬瓜上锅蒸15分钟左右。

5 蒸好后淋入香油即可。

山药鳕鱼饼

🕐 制作时间：30分钟
🍴 难易度：简单

营养贴士

吃鱼和其他一些富含优质蛋白质的食物能够促进宝宝的健康成长，并且鱼类富含DHA，对宝宝大脑的发育格外有好处。

烹饪秘籍

用柠檬皮腌制海鲜去腥效果非常好。记得要放入冰箱腌制，更能保证食材的新鲜度。

扫码观看视频教程

🍚 **主料**

铁棍山药80克、鳕鱼20克、胡萝卜20克、面粉15克、鸡蛋黄1个

🧂 **辅料**

食用油1/4茶匙、柠檬皮适量

🍲 **做法**

1 山药、胡萝卜洗净，去皮，放入蒸锅蒸熟。

2 取出山药，研磨成山药泥，胡萝卜切成碎末。

3 鳕鱼切成碎粒，放上柠檬皮，冷藏腌制30分钟。腌制完成后挑出柠檬皮不要。

4 将鳕鱼、胡萝卜、山药、面粉、鸡蛋黄、1汤匙清水放入碗中混合成稠粥状。

5 不粘锅内刷食用油，锅烧热后转小火。

6 将面糊用汤勺盛入不粘锅内，分别煎至两面焦黄即可。

烹饪秘籍

主食中搭配少量的杂粮不会太影响口感。

扫码观看视频教程

青菜香菇牛肉烩饭

🕐 制作时间：30分钟

难易度：简单

 主料

大米30克、藜麦5克、小米5克、牛肉20克、香菇10克、西蓝花10克、胡萝卜10克

 辅料

清高汤150毫升、淀粉2克

 做法

1 大米、藜麦、小米洗净，放入耐高温的碗中。

2 在碗中加入120毫升清水，放入蒸锅中蒸成软饭。

3 香菇、西蓝花、胡萝卜洗净，切成末。

4 牛肉加淀粉，剁成肉末。

5 小锅中加入清高汤，放入牛肉末、香菇末、胡萝卜末煮软。

6 加入蒸好的软饭、西蓝花末拌匀，小火煮至浓稠即可。

宝宝虾肉肠

🕐 制作时间：40分钟
👨‍🍳 难易度：简单

 营养贴士

尽可能为宝宝提供健康、营养、色彩丰富的食物，而不是清汤寡水的，或者高能量却没什么营养的"垃圾食物"。

 烹饪秘籍

去虾线的时候用牙签在虾背部中间的位置挑一下，一般都能挑出完整的虾线。虾腹部也有一根细细的虾线，也可以挑出来。

扫码观看视频教程

🍚 **主料**
虾仁60克、鸡蛋清1个、玉米淀粉5克

🍼 **辅料**
姜片1克

🍲 **做法**

1 虾仁挑去虾线，加入姜片腌制10分钟。

2 鸡蛋分离出蛋清。

3 将虾仁、蛋清、淀粉放入料理机，搅打成细滑的虾泥。

4 将虾泥装入裱花袋。

5 把虾泥均匀挤入香肠模具中，盖上盖子。

6 蒸锅加足量清水，放入模具，大火烧开后，转中火蒸15分钟。

7 取出香肠模具，倒扣脱膜即可。

烹饪秘籍

汤汁不用收得太干，可以用来拌饭吃。

香菇土豆炖鸡肉

○ 制作时间：30分钟
○ 难易度：中等

主料

鸡腿肉80克、土豆100克、鲜香菇4朵

辅料

橄榄油1汤匙、姜片4克、蒜粒4克、盐1克、淀粉5克、酱油1汤匙

做法

1 鸡肉洗净，切块，用淀粉抓一下；土豆洗净，去皮，切块，浸泡在清水中；香菇洗净，切块备用。

2 锅里倒橄榄油烧热，放入姜片、蒜粒、鸡肉翻炒，待鸡肉变色后放入土豆，继续翻炒5分钟。

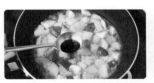

3 倒入香菇，加入清水与食材齐平，加入盐、酱油，盖上锅盖，小火慢炖20分钟。

4 开盖检查鸡肉和土豆是否软熟，再大火收汁，装盘即可。

胡萝卜牛肉汤

制作时间：100分钟

难易度：简单

主料
牛肉150克、胡萝卜1根、番茄1个

扫码观看视频教程

辅料
盐适量

做法

1 牛肉洗净后，在清水中浸泡30分钟，泡出一部分血水。

2 再将牛肉表面划几个口子，放入冷水中煮沸，去掉血沫，捞出后切成小方块备用。

3 番茄洗净后用开水烫一下，剥皮后切丁备用。

4 胡萝卜洗净后，切成小块。

5 锅中加入清水，冷水放入牛肉和番茄，大火煮开后转中小火煮50分钟。

6 将胡萝卜倒入锅中，加盐继续煮15分钟，关火即可。

烹饪秘籍

煲汤的牛肉以牛腩为佳。尽量在准备前期将牛肉充分清洗，保持汤汁滋味爽口。

 营养贴士

经常想着给家中的小宝宝补充一些胡萝卜，这样有利于视力发育。然而怎么做胡萝卜还真要动动脑筋，和牛肉一起煲汤就是相当不错的选择，是强强联合，美味和营养也算兼顾了。

白萝卜时蔬虾肉丸

🕐 制作时间：30分钟
👨‍🍳 难易度：中等

主料
白萝卜100克、鲜虾8只、西蓝花2朵

扫码观看视频教程

辅料
淀粉2茶匙、盐少许

做法

1 西蓝花在盐水中浸泡20分钟后，冲洗干净，撕成小块。

2 锅中烧热水，将西蓝花下锅焯熟，捞出控水后切碎。

3 萝卜去皮，洗净后擦成丝，加少许盐揉一下，杀出涩水，再用力切碎。

4 鲜虾去头、去尾，挑出虾线，剥去外壳后将虾肉剁成泥。

5 取一个碗，将所有食材放入后，加入淀粉，朝一个方向搅拌。

6 取一口锅放入清水，烧开后改中小火。

7 将碗中搅拌好的食材用勺子舀到手上握成丸子，放入锅中，直至全部入锅。

8 等到锅中丸子全部浮起来并在锅中翻滚，即可关火连汤盛出。

烹饪秘籍

也可以把丸子放进锅中蒸熟。因为萝卜丝中已经含有盐分，所以最后汤中可以不加盐，以免盐摄入过量。

 营养贴士

虾肉剁成泥，搓成丸子，再和蔬菜搭配，该是正餐餐桌上最理想的汤品了吧？营养全方位，你是不是早就被它俘虏了呢？

19~24 个月：均衡营养，饮食结构向成人过渡

宝宝1岁半多了，走得稳，会说话，开始更多地探索世界了。这个阶段的宝宝，逐步有了自我的意识。在食物选择上也有了一定的自主性。所以，家长们在制作食物的时候，要注意经常变换食材，不同颜色、不同形状、不同口味的食物，可以满足宝宝的求知欲和探索欲。这个阶段的宝宝，饮食结构逐渐接近成人，每天食物应该包括谷薯类、肉、蛋、奶、蔬菜、水果等12种以上的食物。可以尝试稍微大一点的块状食物，但仍要注意食物要软烂。避免油炸、口味过重的食物。

19~24 月龄宝宝身长体重标准

月龄	19 个月		20 个月		21 个月	
性别	男宝	女宝	男宝	女宝	男宝	女宝
体重（千克）	8.9~13.9	8.2~13.5	9.1~14.2	8.4~13.7	9.2~14.5	8.6~14.0
身高（厘米）	77.7~88.8	75.8~87.6	78.6~89.8	76.7~88.7	79.4~90.9	77.5~89.8
月龄	22 个月		23 个月		24 个月	
性别	男宝	女宝	男宝	女宝	男宝	女宝
体重（千克）	9.4~14.7	8.7~14.3	9.5~15.0	8.9~14.6	9.7~15.3	9.0~14.8
身高（厘米）	80.2~91.9	78.4~90.8	81.0~92.9	79.2~91.9	81.7~93.9	80.0~92.9

19~24 月龄宝宝辅食特点及每天总摄入量

★辅食特点：条块、球块状

★辅食餐次：3 次

★喝奶次数：2~3 次

类别	摄入量	类别	摄入量
奶类	400~600毫升	蔬菜类	50~150克 （5~15勺或1/2~2/3碗菜条、菜块）
谷薯杂豆类	50~100克 （3/4碗~1碗多）	水果类	50~150克（1/2~2/3碗水果丁、水果块或3~9根手指粗细和长度的水果条）
畜禽肉水产类、大豆类	50~75克（6~8勺肉丝、肉块、鱼、虾、豆腐等）	食用油	5~15克（1/2~1 1/2勺）
蛋类	全蛋1个	食盐	0~1.5克

时间	安排
7：00	各种颗粒状或小块状辅食
10：00	母乳+各种颗粒状或小块状辅食
12：00	各种条块或球块状辅食
15：00	母乳+各种颗粒状或小块状辅食
18：00	各种条块或球块状辅食
21：00	母乳
停夜奶	

19~24 月龄宝宝一周食谱安排

时间	餐次	第1天	第2天	第3天
7：00	早餐	西蓝花鸡肉小方糕（见P134）	水果燕麦粥+西葫芦鸡蛋饼（见P133）	杂粮粥+鸡肉松
10：00	加餐	母乳+牛油果块	母乳+圣女果	母乳+橘子块
12：00	午餐	三色面疙瘩（见P130）	三文鱼蔬菜拌饭（见P132）	双色馒头+清炖萝卜牛肉（见P146）
15：00	加餐	母乳+鸡蛋香蕉卷	母乳+泡芙+苹果	母乳+酸奶红薯泥
18：00	晚餐	宝宝版宫保鸡丁（见P141）+软饭	圆白菜肉卷（见P138）+南瓜小馒头	蟹味菇蒸鳕鱼（见P140）+红豆软饭
21：00	加餐	母乳	母乳	母乳

时间	餐次	第4天	第5天	第6天	第7天
7：00	早餐	青菜粥+牛肉松+白煮蛋	鲜虾蔬菜蒸糕（见P142）	南瓜小米粥+牛肉松	肉末油菜面+白煮蛋
10：00	加餐	母乳+柚子块	母乳+蓝莓	母乳+雪梨块	母乳+奶溶豆
12：00	午餐	南瓜小馒头+西蓝花虾肉汤	三丁拌猪肝（见P144）+五彩烧芋头（见P136）	彩椒蔬菜炒蛋+花卷	宝宝罗宋汤+软饭
15：00	加餐	母乳+鸡蛋土豆芝士饼	母乳+自制饼干	母乳+香蕉饼	母乳+小米糕
18：00	晚餐	丝瓜木耳炖豆腐（见P148）+馒头片	鳕鱼菜心烩饭	白菜肉末炖粉条+软饭	鸡肉蔬菜饼+黄瓜酸奶沙拉
21：00	加餐	母乳	母乳	母乳	母乳

注：鼓励母乳喂养，条件确不允许的情况下可选择配方奶。

19~24月龄宝宝辅食制作方法

三色面疙瘩

制作时间：20分钟

难易度：简单

面粉150克、菠菜50克、紫甘蓝60克、胡萝卜60克

🍴 做法

1 菠菜、紫甘蓝、胡萝卜洗净，紫甘蓝逐片剥下，胡萝卜切条，菠菜切成段备用。

2 取一口锅放入清水，大火煮沸，分别放入菠菜焯30秒，紫甘蓝、胡萝卜焯2分钟，捞出后用凉水过一下，控水。

3 将焯好的紫甘蓝切碎后与胡萝卜、菠菜分别放入料理机中，加入适量的凉白开，打成浓稠的蔬菜汁，盛出备用。

4 将面粉分成三份，每一份约50克，将备用的蔬菜汁分别倒入三份面粉中，用筷子搅拌均匀成稀面糊状态。

5 取一口锅加入清水，烧开后转小火，将面糊用漏勺慢慢滴入锅中。

6 等面糊在锅内结成细小的面疙瘩，再转大火煮3～5分钟至完全熟透，即可出锅。

扫码观看视频教程

烹饪秘籍

还可以在疙瘩汤中加入鱼虾、肉类等，会更美味，营养也更全面。如果面糊做多了，可以放入冰箱中冷冻，只要是两周内想吃时，提前取出来化冻即可。

营养贴士

绚烂的颜色最能吸引宝宝的注意，更何况色香味俱全，每一种颜色都包含了天然食物，含人体所需多种维生素，是通过食疗达到强身健体目的的好选择。

三文鱼蔬菜拌饭

 制作时间：25分钟
难易度：简单

营养贴士

三文鱼加上柠檬和黄油煎制，味道很独特，深受宝宝喜爱。三文鱼富含蛋白质，有利于孩子的生长发育；三文鱼中还富含DHA和EPA，有益智健脑的功效。

烹饪秘籍

① 米饭要煮软一点，这样拌饭才不会太干。

② 三文鱼本身会出油，黄油不要放太多了。

主料

三文鱼100克、芦笋60克、玉米粒50克、米饭1碗

辅料

柠檬1/8个、黄油3克、黑胡椒粉少许、盐少许

做法

1 三文鱼洗净，切丁，用手将柠檬汁挤到三文鱼上，撒上黑胡椒粉抓匀，静置10分钟。

2 芦笋洗净，去皮，切成2厘米长的段；玉米粒洗净。

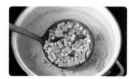

3 烧一锅开水，将芦笋和玉米粒煮熟，捞起备用。

4 锅烧热，倒入黄油，转中火，放入三文鱼煎炒至颜色发白。

5 倒入芦笋和玉米粒，加盐，继续翻炒1分钟起锅。

6 盛出一碗米饭，将三文鱼等食材盖在饭上，拌匀开吃即可。

营养贴士

西葫芦富含维生素C、矿物质等营养物质，特别是钙的含量很高，且水分丰富，不仅利于消化，适口性好，还有很好的利尿效果。

烹饪
秘籍

购买时要选择皮薄、肉厚、表面光滑、体形匀称的西葫芦，这样的西葫芦比较嫩，水分含量高，食用时可以不用去除内部的籽。

扫码观看视频教程

西葫芦
鸡蛋饼

制作时间：30分钟
难易度：简单

主料
西葫芦1/2个（约200克）、鸡蛋1个、面粉70克

辅料
盐1克、葱花适量、食用油少许

做法

1 西葫芦洗净，取1/2个，用擦丝器擦成细丝，加入盐，腌制10分钟。

2 磕入鸡蛋、加入葱花，搅拌均匀。

3 加入面粉，用筷子顺着一个方向搅拌成均匀的面糊。

4 平底锅加热，倒入少许油，用勺子舀一勺面糊倒入锅内，用勺子摊成圆形。

5 盖上锅盖，用小火加热1分钟后翻面，重复这个步骤，直到两面全部煎至金黄。

6 出锅后切成小块，装盘即可。

西蓝花鸡肉小方糕

🕐 制作时间：40分钟
👨‍🍳 难易度：简单

主料
鸡肉60克、西蓝花20克、鸡蛋1个、淀粉5克、黑芝麻粉1克

辅料
食用油1毫升、姜片1克

做法

1 西蓝花洗净，掰成小朵，放入开水中焯熟，捞出备用。

2 鸡肉切块，和姜片放入开水中汆烫30秒，捞出备用。

3 鸡蛋分离出蛋清和蛋黄。

4 将鸡肉、西蓝花、蛋清、淀粉、黑芝麻粉放入料理机打成肉泥。

5 玻璃保鲜盒底部垫烘焙纸，侧壁涂一层食用油防粘。

6 将西蓝花肉泥倒入保鲜盒内，抹平表面。

7 将蛋黄打散，慢慢倒在肉泥表面。

8 保鲜盒上扣一个盘子，放入蒸锅蒸20分钟，关火闷5分钟。

9 取出保鲜盒，倒扣脱膜，切成小块即可。

 烹饪秘籍

小方糕的搭配很随意，肉类可以换成猪肉、牛肉、鱼肉等，蔬菜也可以选宝宝喜欢的品种。

 营养贴士

鸡肉富含优质蛋白质，维生素A、维生素B、维生素E以及镁、磷、钾等矿物质含量也较高；西蓝花富含胡萝卜素、维生素和钙，为宝宝的生长发育提供必要的营养储备。

扫码观看视频教程

五彩烧芋头

⊙ 制作时间：45分钟
♙ 难易度：简单

🍚 **主料**

芋头3个（约100克）、干香菇10克、胡萝卜15克、莴笋15克、玉米粒15克

🧴 **辅料**

食用油2茶匙、淀粉适量、盐1克、葱花少许

🍲 **做法**

1 香菇提前泡发，洗净、去根；胡萝卜、莴笋洗净，去皮；玉米粒洗净，沥干待用。

2 芋头洗净，放入蒸锅蒸25分钟至熟。

3 香菇、胡萝卜、莴笋切成小丁；芋头冷却至不烫手后剥去外皮，切成小块。

4 炒锅加入油，烧至七成热，分别倒入胡萝卜、香菇煸炒至有香味，再放入莴笋和玉米粒，翻炒均匀后放入芋头块。

5 淀粉加入少许水调成水淀粉，倒入锅内，调至小火翻炒均匀，加入盐和撒葱花即可。

扫码观看视频教程

烹饪秘籍

芋头的黏液对皮肤有刺激作用，会引起皮肤瘙痒，如果需要生剥芋头皮，最好戴上手套。

营养贴士

芋头的营养丰富，不仅含有淀粉，还富含矿物质及维生素，既可以当作主食，也可以作为配菜。但因为膳食纤维含量略高，小宝宝不太容易消化，每次食用不宜过多，以免引起腹胀等不适症状。

圆白菜肉卷

制作时间：30分钟
难易度：简单

🍚 **主料**

圆白菜叶5片、猪肉末100克、莲藕50克、鲜香菇30克

🍶 **辅料**

葱适量、姜适量、料酒2茶匙、盐1克、生抽1茶匙、香油少许

🍲 **做法**

1 圆白菜洗净，剥下完整的叶子；锅里水烧开，下入圆白菜叶，煮1分钟后捞出，浸泡在冷水中。

2 莲藕洗净、去皮，香菇洗净、去蒂，分别切成块；葱、姜分别切末待用。

3 将莲藕块和香菇块放入料理机，切碎。

4 将切好的莲藕和香菇加入肉末，放入葱姜末，加入料酒、盐、生抽，用筷子拌匀。

5 取一片圆白菜叶，切掉根部的茎，内侧向上，铺上约35克的肉馅，先将左右两边的菜叶叠向中间，再从一端卷起，收口朝下码放在盘中。

6 将卷好的菜卷放入烧开的蒸锅内，大火蒸20分钟，取出后淋上香油、撒少许葱花即可。

烹饪秘籍

❶ 生圆白菜如果不能完整地剥下整片叶子，可以将整颗都放入沸水中焯烫，焯水后再剥会容易很多。

❷ 选购时要挑选整体结实，拿在手上有分量，且外层叶片为绿色并富有光泽的圆白菜。

 营养贴士

圆白菜含水量高，并且富含多种维生素及微量元素，特别是钾、维生素C、叶酸等，再加上口感爽脆、纤维少，非常利于宝宝吞咽。

蟹味菇蒸鳕鱼

 制作时间：20分钟
难易度：中等

扫码观看视频教程

主料

鳕鱼200克、蟹味菇30克、胡萝卜少许、南瓜少许、蒸鱼豉油1/2茶匙

辅料

盐少许、料酒1/2茶匙、姜片2片、小葱1根

做法

1 鳕鱼洗净、切成块，加料酒和少许盐腌制10分钟。

2 胡萝卜洗净，切成小粒；蟹味菇洗净、切薄片，或者切成小段。

3 南瓜洗净、去皮，切成薄片。

4 葱洗净，切段，与姜片摆在容器底部。

5 在容器上先摆好鳕鱼，然后鳕鱼上面摆好蟹味菇片、南瓜片、胡萝卜粒。

6 上锅蒸，大火烧开后改中火蒸10分钟，出锅淋入蒸鱼豉油即可。

营养贴士

鸡肉中的蛋白质含量高，而且很容易被人体吸收；胡萝卜里的胡萝卜素对视力很有帮助。这个阶段的宝宝咀嚼能力不断提升，为了丰富味道，这道菜中加了一些蔬菜，就成了宝宝版的宫保鸡丁了。

烹饪秘籍

除了以下食材，还可以添加玉米粒、洋葱粒、土豆丁等，但是不要加花生米，容易卡到宝宝。

宝宝版宫保鸡丁

⏱ 制作时间：25分钟
🍽 难易度：简单

 主料
鸡胸肉80克、黄瓜30克、胡萝卜30克

辅料
橄榄油1汤匙、盐0.5克、淀粉2克

 做法

1 鸡胸肉提前2小时解冻，洗净，切丁，用淀粉抓匀，静置片刻。

2 黄瓜、胡萝卜洗净，去皮、切丁。

3 热锅放橄榄油，放入鸡肉丁翻炒，再放入黄瓜丁、胡萝卜丁。

4 加60毫升清水，大火煮熟，起锅前放盐，搅拌均匀，盛出即可。

鲜虾蔬菜蒸糕

🕐 制作时间：30分钟
👨‍🍳 难易度：简单

虾仁30克、胡萝卜30克、菠菜30克、鸡蛋1个

辅料
盐0.5克、淀粉10克

做法

1 胡萝卜洗净，去皮、切片，放入蒸锅蒸熟。

2 菠菜放入沸水中焯1分钟，捞出挤干水分。

3 将胡萝卜和菠菜切末；虾仁切末。

4 鸡蛋放入大碗中打散，加入淀粉、30毫升清水搅匀。

5 在装有鸡蛋液的碗中加入蔬菜、虾仁和盐拌匀。

6 玻璃保鲜盒内垫烘焙纸，倒入拌好的鸡蛋液，表面覆盖保鲜膜。

7 将保鲜盒放入蒸锅内，中小火蒸20分钟，关火后闷5分钟。

8 取出保鲜盒，倒扣脱膜，切块即可。

烹饪秘籍

做蒸糕的时候一定要垫烘焙纸，垫了烘焙纸才能很方便地、完整地脱膜。

营养贴士

宝宝的生长发育不是匀速的，在生长高峰期会吃得比较多，在生长缓慢期会吃得少。如果正好赶上宝宝生长发育减速的阶段，可能在一段时间内吃得相对少一点。在吃饭这方面，父母要会引导，也要懂得尊重宝宝，最好不要强迫。

扫码观看视频教程

三丁拌猪肝

🕐 制作时间：180分钟
👨‍🍳 难易度：简单

🍲 **主料**

猪肝50克、胡萝卜20克、紫洋葱20克、黄瓜20克

🥫 **辅料**

料酒、盐各少许

🥘 **做法**

1 猪肝洗净，用淡盐水浸泡2小时，洗去血水。

2 将洗净的猪肝切成小丁待用。

3 洋葱、胡萝卜、黄瓜分别洗净后切成小丁。

4 将三种蔬菜丁拌入猪肝丁内，加入料酒拌匀，腌制15分钟。

5 将腌好的猪肝丁放入容器，放入烧开的蒸锅内蒸15分钟即可，可撒葱花点缀。

扫码观看视频教程

烹饪秘籍

用猪肝给宝宝做辅食前一定要清洗干净。在浸泡前可以先在猪肝表面裹上一些面粉，用手揉搓，再在流动的水下反复冲洗，将里面的血水尽量挤出。浸泡后的猪肝也要再冲洗一下。

🍼 **营养贴士**

猪肝是补充蛋白质、铁、锌、维生素A的优良食材，对于宝宝的生长发育有着积极的作用。但猪肝的胆固醇含量较高，对宝宝来说不宜多吃，每周一次就可以了。

清炖萝卜牛肉

🕐 制作时间：180分钟
👨‍🍳 难易度：简单

🍲 **主料**
牛肉300克、白萝卜100克

🍼 **辅料**
盐少许、葱2根、姜适量

扫码观看视频教程

🍳 **做法**

1 牛肉洗净后，表面划几道口子，在清水中浸泡30分钟，泡出一部分血水。

2 再将牛肉放入冷水煮沸，去浮沫，捞出后切成小方块备用。

3 将白萝卜洗净去皮后，切成适合宝宝食用大小的块。

4 姜洗净去皮后切成片；葱切段备用。

5 锅中加入清水，大火烧开后将牛肉下锅，再次烧开。

6 所有食材倒入锅中。开锅后转小火炖煮两三个小时即可，食用时加少许盐调味。

烹饪秘籍

煲汤的牛肉以牛腩为佳。冷水汆烫牛肉可以把肉里的血水去除，如果用热水的话，肉直接就熟了，血水出不来。第二次煮牛肉一定要用热水，否则汆烫好的牛肉会迅速热胀冷缩，口感就会变硬。

营养贴士

牛腩的蛋白质含量很高，脂肪含量相对较少，因此常常被作为健身食物。吃牛肉有助于宝宝变强壮、长高，给宝宝带来朝气和活力。

丝瓜木耳炖豆腐

🕐 制作时间：25分钟
🍴 难易度：简单

🥣 **主料**

豆腐50克、丝瓜30克、泡发木耳10克、鸡高汤100毫升

🍼 **辅料**

食用油1/2茶匙、生抽1/4茶匙、水淀粉1汤匙

🍲 **做法**

1 丝瓜洗净，去皮、切大粒；豆腐切大粒；木耳撕成小朵。

2 不粘锅加食用油烧热，放入豆腐煎至两面金黄。

3 放入丝瓜、木耳、生抽翻炒均匀。

4 加入鸡高汤煮滚，转小火，盖盖焖煮5分钟。

5 起锅前淋入水淀粉，再次煮开，即可盛出装盘。

扫码观看视频教程

烹饪
秘籍

除了太水嫩的豆腐不适合煎以外，其他豆腐都可以根据宝宝的喜好来购买。

 营养贴士

宝宝的日常饮食并不需要什么"高级"食物，平常菜市场、超市里面能买到的日常食物就很好。通过丰富的饮食，宝宝可以摄取所需的营养。

图书在版编目（CIP）数据

婴幼儿辅食喂养指导手册 / 姚魁，李玲主编 . — 北
京：中国轻工业出版社，2023.6
ISBN 978-7-5184-4085-6

Ⅰ . ①婴… Ⅱ . ①姚… ②李… Ⅲ . ①婴幼儿—食谱
—手册 Ⅳ . ①TS972.162-62

中国版本图书馆CIP数据核字（2022）第138324号

责任编辑：王晓琛 责任终审：李建华 整体设计：锋尚设计
策划编辑：张 弘 王晓琛 责任校对：朱燕春 责任监印：张京华

出版发行：中国轻工业出版社（北京东长安街6号，邮编：100740）
印 刷：北京博海升彩色印刷有限公司
经 销：各地新华书店
版 次：2023年6月第1版第3次印刷
开 本：720×1000 1/16 印张：10
字 数：130千字
书 号：ISBN 978-7-5184-4085-6 定价：59.80元
邮购电话：010-65241695
发行电话：010-85119835 传真：85113293
网 址：http://www.chlip.com.cn
Email：club@chlip.com.cn
如发现图书残缺请与我社邮购联系调换
230763S3C103ZBW